AKILA
魔法教室

跟 孩子 一起玩 Excel

碁峰资讯 ◎ 著

U0387359

中国水利水电出版社
www.waterpub.com.cn

编者的话

当今社会，信息爆炸。各类移动终端、APP 应用如影随形。但来源良莠不齐的信息，对未成年人来说无疑是把双刃剑。家长、老师各种看似行之有效的"围剿"，反而激发了孩子更强的探知欲。面对如此情形，是正确引导还是一味排斥？如何让孩子获取有价值资源，将有价值的信息、电脑操作与孩子的学习和生活完美结合，以提高孩子的逻辑思维能力和实际应用能力？翻开本书也许会让你得到不一样的答案。

Excel 是一套简单易学且应用广泛的电子表格软件，在孩子的学习过程中，无论是简单的班级通讯录、成绩单的制作（小表格，大思维），还是培养从小养成的良好理财习惯（小资产，大习惯），以及学习中对各种资料数据的分析（小数据，大智慧），有了它都能轻松完成。通过 Excel 的学习，可以启迪孩子的数学分析能力，培养孩子的逻辑思维能力，为今后的发展铺平道路。让我们一起用 Excel 塑造孩子的最强大脑！

本书由资深教师团队执笔，将课本知识与学习兴趣完美结合，并在成书前经过了大量的实践教学，老师、学生、家长反馈效果良好。在编写过程中，注重实例生活化、步骤清晰化、概念明确化、练习实践化。旨在培养孩子的发散思维能力，增强逻辑思辨感知力，将孩子的观察力、思辨力和解决力有机地统一，塑造科技时代的最强音。

在大数据时代，要让孩子在科技的指引下，有智慧地进行学习。

目录

目录

第 1 课

Excel初体验

学 习 目 标

1. 认识Excel窗口界面
2. 熟悉窗口接口的基本操作
3. 输入及编辑单元格数据
4. 调整列宽与行高
5. 以自动填充方式输入数据

　　Excel是一套重量级的电子表格软件，它能让你快速建立表格，以及计算、分析、排序表格内的数据。还提供"图表精灵"，让你以几个简单的步骤就能制作出美轮美奂的统计图表。现在就先来认识Excel这套软件，让它成为你的生活好帮手。

　　Excel这套软件应用的领域非常广泛，常见的用途有下列几种：

编辑个人通讯录

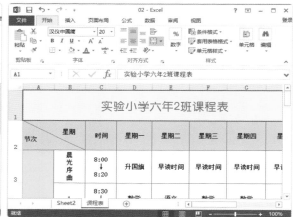

制作学校课程表

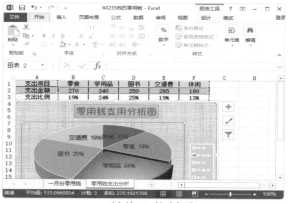

理财好帮手

制作三维饼图

SmartArt图形——循环图的制作

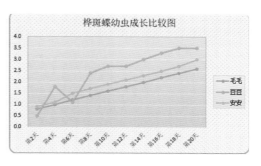

制作折线图

影像图表制作

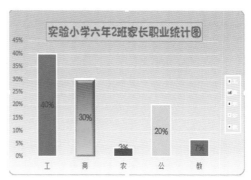

绘制直方图

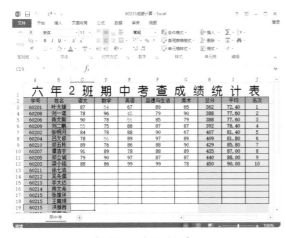

数据统计与排序

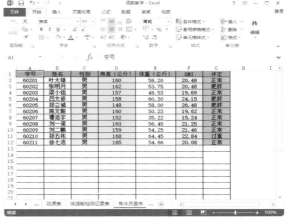

数据分析与判断

本节先来认识Excel这一软件的窗口菜单及熟悉界面的操作，让以后的操作更加顺畅，并达到事半功倍的效果。

一 启动Excel软件

现在就依照下列步骤打开Excel软件，一起走进Excel的多媒体简报世界。

1 单击 "开始" 按钮。

2 选择 "所有程序" 展开程序列表。

3 选择Microsoft Office 2013文件夹。

4 选择Excel 2013打开软件。

5 选择"空白工作簿"
或其他模板。

魔法棒

在这里请单击选择"空白
工作簿",接着来认识
Excel的窗口界面。

如果你的计算机操作系统是Windows 8,可以依照下列步骤来
打开Excel软件。

二 认识Excel窗口界面

打开Excel软件后，我们就先来认识它的窗口菜单及熟悉界面的操作。

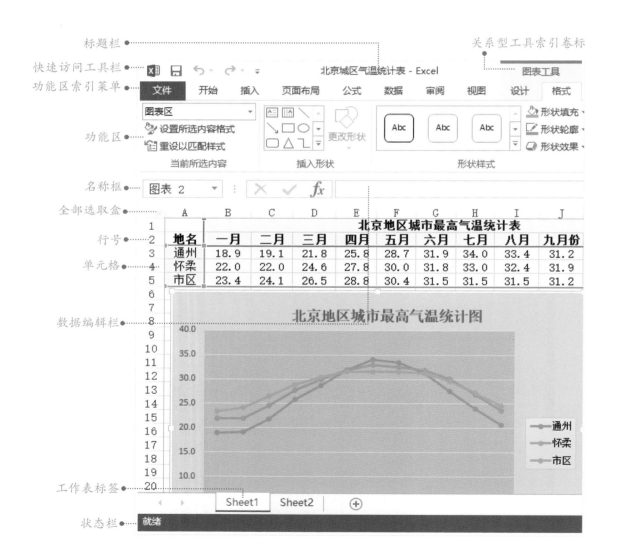

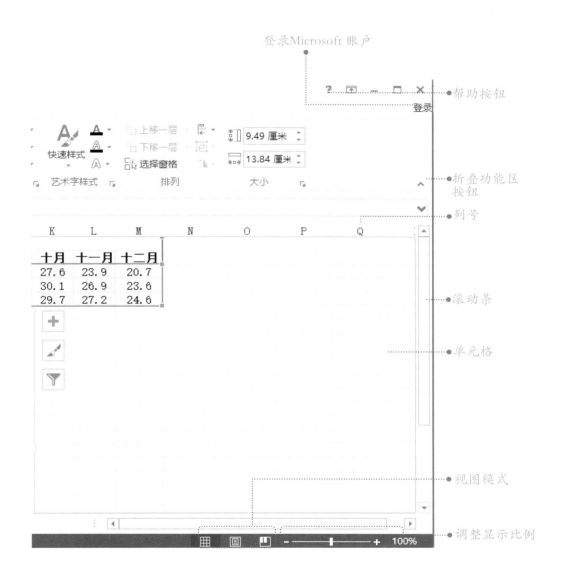

登录Microsoft 账户

帮助按钮

登录

9.49 厘米

13.84 厘米

折叠功能区按钮

列号

滚动条

单元格

视图模式

调整显示比例

快速样式

艺术字样式　　排列　　大小

上移一层
下移一层
选择窗格

K	L	M	N	O	P	Q
十月	十一月	十二月				
27.6	23.9	20.7				
30.1	26.9	23.6				
29.7	27.2	24.6				

100%

三 认识单元格

打开Excel软件后，会以表格方式呈现文件画面，其中每一个小格子就称为"单元格"。可以在单元格内输入数据，而单元格的地址是以"列"与"行"来表示。例如，下图中这个单元格的地址是第B列第2行，以B2表示。

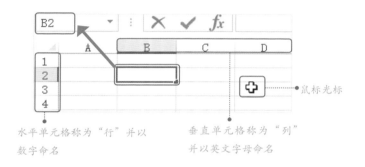

鼠标光标

水平单元格称为"行"并以
数字命名

垂直单元格称为"列"
并以英文字母命名

四 认识工作表

由"单元格"组成的表格就称为"工作表"，每张工作表就好像是一张活页纸。当打开新文档后，默认会打开一张工作表，还可以自行新建多张工作表，然后由这些工作表就组成Excel的文档（扩展名为.xlsx），因此Excel的一个文档可以把它想象成一本"活页文件簿"。

默认的文件名

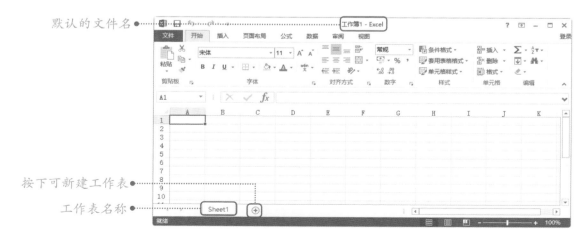

按下可新建工作表

工作表名称

五 窗口界面基本操作

自动隐藏功能区

1 单击 ⬚ "功能区显示选项"按钮。

2 选择"自动隐藏功能区"命令。

3 单击页面最顶端即可显示功能区。

4 单选任一单元格可立即自动隐藏功能区。

魔法棒

隐藏功能区可以放大编辑区窗口，可以根据需求隐藏或显示功能区。

显示功能卡和命令

1 单击 ⬚ "功能区显示选项"按钮。

2 选择"显示功能卡和命令"命令。

切换显示模式

目前页面称为"标准模式"

1 单击 圖 "页面布局"按钮。

目前页面称为"普通模式"

2 单击 圃 "普通"按钮。

调整显示比例

1 拖曳 ▮ "缩放"按钮调整显示比例。（或单击 ▬ "缩小"按钮或 ➕ "放大"按钮调整。）

2 或按下显示比例数值，打开"显示比例"对话框。

3 选择一种显示比例。

4 单击"确定"按钮。

1-3 我的第一个Excel工作簿

在Excel的"单元格"中，可以输入文字、数字、日期与时间等资料。操作方法和在一般文档的表格中输入数据相同。当输入完成后，按下箭头键或是选择其他单元格，即可完成输入。

一 输入单元格数据

输入时光标插入点在这里

1　选择A1单元格，然后输入"六年2班学生通讯录"文字。

2　单击 ✓ "输入"按钮或是按下 Enter 键完成输入的动作。

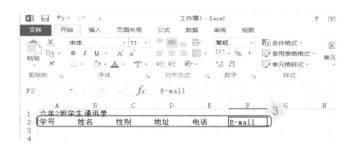

3　以相同的方法，在第2行的单元格内输入学号、姓名、性别、地址、电话与E-mail等标题文字。

1. 输入数据时，若是按下 ✕ "取消"按钮或 Esc 键，可取消输入的动作。

2. 在单元格中输入数据时，"数据编辑列"也会同时显示输入的数据内容。

二 保存文件

1 单击 🖫 "保存"按钮。

魔法棒

使用计算机时，应养成随时"保存"的好习惯，不可以等到全部完成后再保存！

2 按下"计算机"按钮。

3 单击"浏览"按钮。

4 指定保存的文件夹位置。

5 输入"60235我们这一班"文件名。

6 单击"保存"按钮。

1. 第一次保存文档时，才会出现"另存为"对话框，让你指定保存的文件夹位置及输入文件名。

2. 文件名可用"学号＋主题名称"来命名，这样就不会和别人相同了！

三　修改单元格数据

1　单击D2单元格。

2　光标插入点置于数据编辑栏上"地"字符的后面。

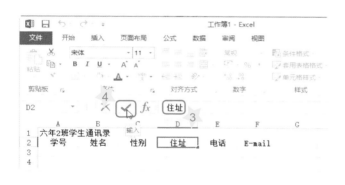

3　按下 Backspace 键删除"地"的文字，然后再输入"住"的文字。

4　单击 ✓ "输入"按钮或 Enter 键完成修改的动作。

四　自动填充数据

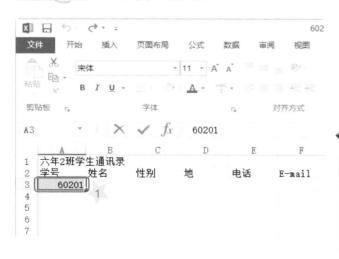

1　在A3单元格内输入60201，然后光标移动至右下方填充控点上，光标呈 ✚ 状时按下鼠标左键。

魔法棒

每一个单元格的右下角顶点，称为"填充控点"。

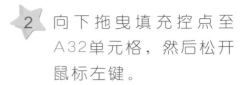

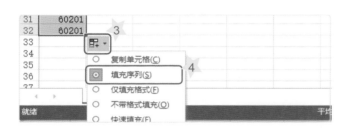

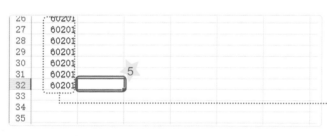

2 向下拖曳填充控点至 A32 单元格，然后松开鼠标左键。

3 单击 ▦ "自动填充选项"按钮。

4 选择"填充序列"命令。

5 单击任一单元格取消单元格的选取状态，以完成自动填入数列的动作。

● 已填入的数据

魔法书

1. 若要输入有顺序且规则的数据时，可以使用"自动填充"的功能，快速且正确地建立单元格数据。

2. 如果要建立连续且"等差"的数列时，可依下列步骤操作：

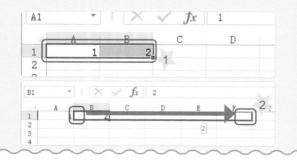

1 输入第一笔及第二笔数据，然后选中这两个单元格。

2 向右拖曳填充控点填入数据。

1-4 编辑工作表

本节将要建立班上同学的基本数据，来完成"通讯录"的制作。

一 调整列宽

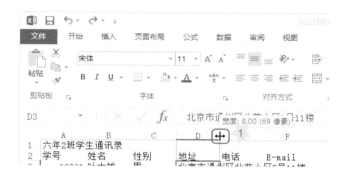

1 光标移至列名称D的右边框线上，光标呈 ✚ 状时按住鼠标左键。

2 向右拖曳框线调整"住址"单元格的宽度，以容纳单元格的内容。

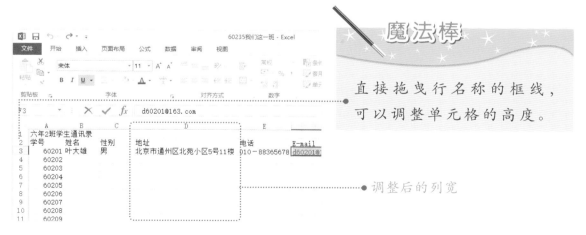

魔法棒

直接拖曳行名称的框线，可以调整单元格的高度。

● 调整后的列宽

二 输入电子邮件

1 选择F3单元格，然后输入E-mail的数据。

2 单击 ☑ "输入" 按钮或 Enter 键完成修改的动作。

3 选择 "插入" 功能卡。

4 单击 "超链接" 按钮。

5 单击 "删除链接" 按钮。

6 向下拖曳控点，自动填入其他同学的E-mail。

魔法棒

如果同学的E-mail账号不是连续的，那就请你重复步骤1~2的方法，自行输入！

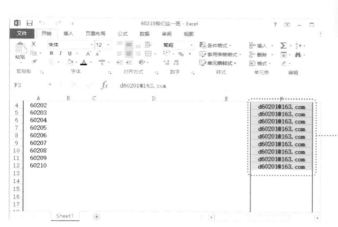

● 已填入的E-mail

三　合并单元格

1 拖曳 ■ "缩放"按钮调整工作表的显示比例。

2 以拖曳的方式，选中A1至F1单元格的范围。

● 调整工作表的显示比例，并不会真正改变单元格的大小，其目的是为了方便窗口的操作。

3 选择"开始"功能卡。

4 单击 格式▾ 按钮。

5 选择"设置单元格格式"命令。

6 选择"对齐"菜单。

7 勾选"合并单元格"命令。

8 单击"确定"按钮。

魔法棒

合并多个单元格后，会以左上角的单元格的地址（名称）为代表。

● 合并后的单元格以A1为名称

四 单元格内容居中对齐

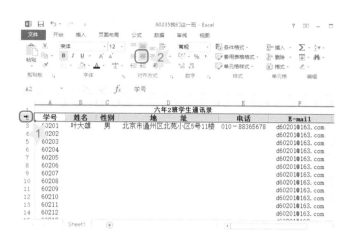

1 光标移至第一行的名称上且呈➡状时，向下拖曳选中第一行及第二行单元格。

2 单击 ☰ "居中" 按钮。（可以称为"水平居中"对齐！）

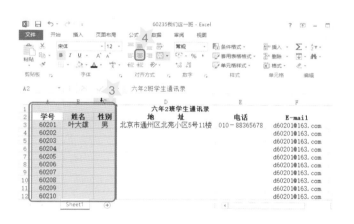

3 光标移至第A列的名称上且呈⬇状时，向右拖曳选中第A列至第C列单元格。

4 单击 ☰ "居中" 按钮数次，直到单元格内的数据居中对齐。

5 光标移至第E列的名称上且呈⬇状时，向右拖曳选中第E列至第F列单元格。

6 单击 ☰ "居中" 按钮数次，直到单元格内的数据居中对齐。

通讯录的标题及单元格版面建立完成后，接下来就可以开始输入同学的资料，这一部分就留作课后作业。这里先保存文档并关闭Excel软件。

1 单击 🖫 "保存" 按钮。

2 选择 "文件" 功能卡。

魔法棒

第二次保存文档案，不会出现 "另存为" 对话框，即可快速保存文档。

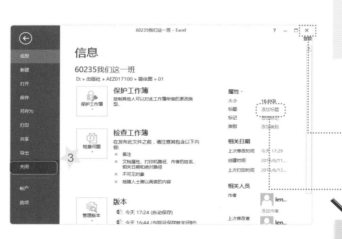

3 选择 "关闭" 命令。

● 按下 ✕ "关闭" 按钮可结束软件并关闭窗口

● 可以添加自定义的文件标题！

魔法棒

这个文档有好友的资料，不可以公布在网络上或分享给其他人喔！

个人资料不公布

1.当你执行合并多个单元格时，合并以后的单元格会以原来"左上角"的单元格名称为新的单元格名称。

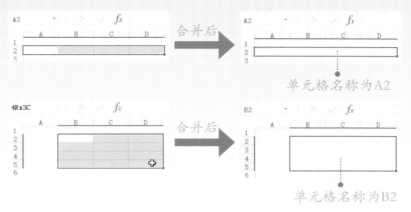

2.若要取消合并单元格的动作，请单击"开始"功能卡的 格式▾ 按钮，再选择"设置单元格格式"，然后在"对齐"选项卡中，取消勾选"合并单元格"选项。

换你做做看

打开"60235我们这一班"的文档，然后完成班上同学数据建立的工作。（同学的资料不可对外公布喔！）

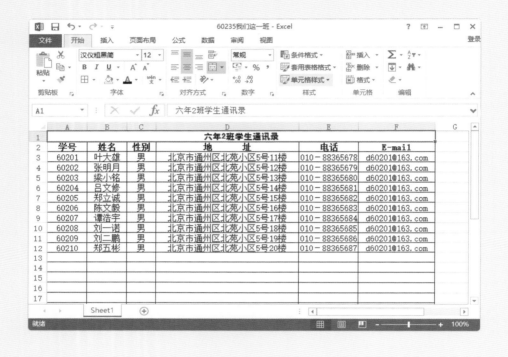

 能合并单元格并了解合并后的单元格名称

 能调整单元格的列宽

 能选中多列（行）单元格数据并居中对齐

 能输入文字、数字与E-mail等单元格数据

第 2 课
我们这一班

学 习 目 标

1. 更改工作表名称

2. 设置单元格的背景及框线色彩样式

3. 设置打印区域与打印工作表

4. 自动填充数据

5. 合并单元格与输入竖排文字

2-1 美化我的通讯录

本节将打开"60235我们这一班"文档,接着美化通讯录的表格内容,然后打印出来和班上同学分享。

一 打开已有文件

1 打开Excel软件,然后单击"打开其他工作簿"按钮。

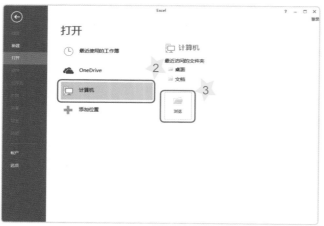

2 单击"计算机"按钮。

3 单击"浏览"按钮。

魔法棒

如果已经进入Excel软件的编辑窗口,可以单击"文件"菜单,然后单击"最近使用的工作簿"命令,打开旧文件!

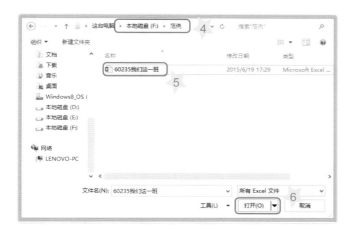

4 选择"范例"或其他文件夹。

5 选择"60235我们这一班"文档。

6 单击"打开"按钮。

二 变更工作表名称

1 单击"开始"功能卡。

2 单击 格式 按钮。

3 选择"重命名工作表"命令。

4 输入"通讯录"名称，然后按下 Enter 键。

魔法棒

双击工作表标签，或在标签名称上右击，再选择"重命名"命令，也可以在标签上修改工作表的名称。

AKILA 魔法教室

三 设定单元格的文字样式

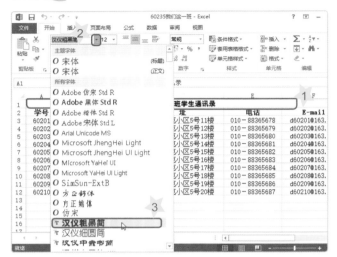

1 选择A1单元格。

2 单击 "字体" 按钮，打开 "字体" 下拉列表。

3 选择一种字体。（选择自己喜欢的字体！）

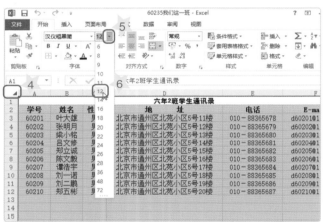

4 单击 "全部选择" 按钮选择整张工作表。

5 单击 "字号" 按钮，打开 "字号" 下拉列表。

6 选择一种字号。

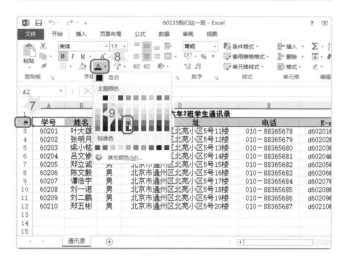

7 单击鼠标选择第2行单元格。

8 单击 "字体颜色" 按钮的 按钮，打开颜色列表。

9 选择一种字体颜色样式。

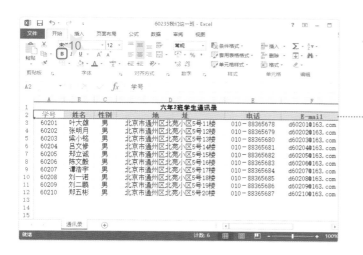

10　单击 **B** "加粗"按钮。

设置后的文字样式

11　适当调整各字段的宽度以容纳文字内容。

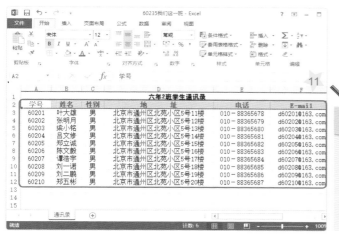

魔法棒

调整文字的大小后，记得适当调整列宽，以容纳文字内容喔！

四　设置框线样式与颜色

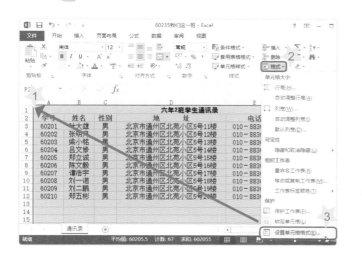

1　由F32单元格往A1单元格的方向拖曳，以选中整张通讯录的范围。

2　单击 格式▾ 按钮。

3　单击"设置单元格格式"命令。

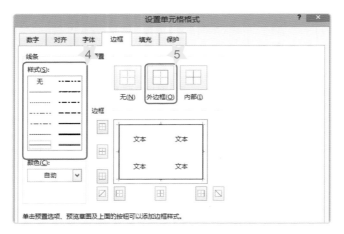

4 在"边框"选项卡选择一种线条样式与色彩。

5 单击 "外边框"按钮，以应用至通讯录的外框线。

应用特定位置的线条

6 选择一种线条样式与色彩。

7 单击 "内部"按钮，以应用至通讯录的内框线。

8 单击"确定"按钮。

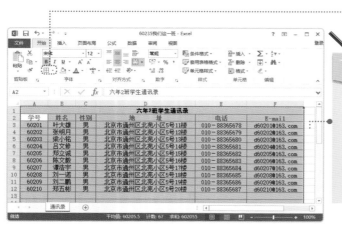

也可以使用这个按钮设置框线样式

魔法棒

工作表上的灰色框线，打印时是不会显示出来的，因此必须设置单元格的框线样式。

五 设置单元格的背景色样式

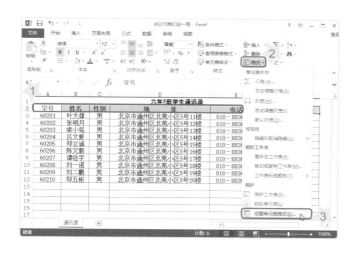

1 选择标题栏的单元格。

2 单击"格式▾"按钮。

3 选择"设置单元格格式"命令。

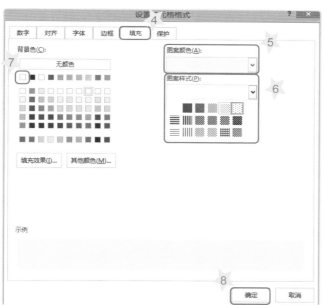

4 单击"填充"选项卡。

5 选择一种图案颜色。

6 选择一种图案样式。

7 选择"白色"或其他背景颜色。

8 单击"确定"按钮。

9 选择D2单元格。

10 光标插入点置于"地"之后，然后按下 Spacebar 键数次插入空格。

2-2 打印我的通讯录

通讯录编辑完成后，可以将它打印出来和班上同学分享。但是在打印工作表之前，必须先做打印的相关设置，避免打印出来的作品不符合需求而浪费资源。

一 设置打印区域

1 用拖曳方式选中通讯录的单元格范围。

2 单击"页面布局"功能卡。

3 单击"打印区域"按钮。

4 单击"设置打印区域"命令。

二 设置纸张边距

1 单击"页边距"按钮，打开样式列表。

2 单击"自定义边距"命令（也可以选择默认的边距设置）。

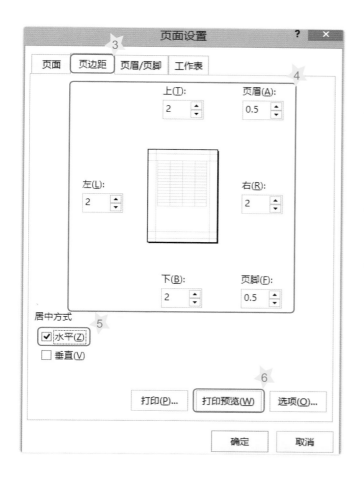

3 单击"页边距"选项卡。

4 分别指定上、下与左、右的边距为2和0.5。

5 勾选"水平"选项。

6 单击"打印预览"按钮。

三 缩放比例设置

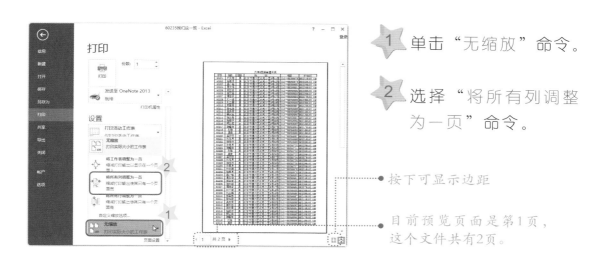

1 单击"无缩放"命令。

2 选择"将所有列调整为一页"命令。

● 按下可显示边距

● 目前预览页面是第1页，这个文件共有2页。

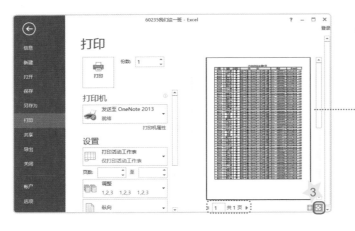

3 单击 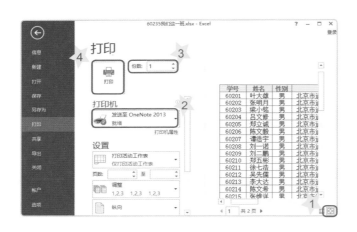 "缩放至页面"按钮，放大预览页面。

● 缩小至一页面

四 打印工作表

1 单击 "缩放至页面"按钮，缩小预览页面。

2 选择打印的打印机。

3 设置打印的份数。

4 单击"打印"按钮。

在"打印内容"的设置选项中，可以选择"打印选定区域"，操作时必须先选择要打印的单元格范围，然后再执行打印的动作。

2-3 制作我的课程表

本节将在"我们这一班"的文档内建立班级课程表，然后将它打印出来和班上同学分享。

一 输入课程表的标题文字

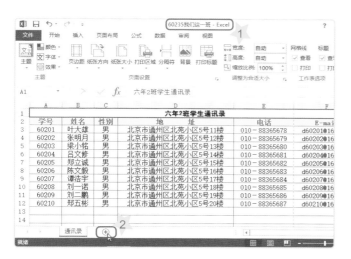

1 打开"60235我们这一班"文档。

2 单击 ⊕"新工作表"按钮，以新增一张工作表。

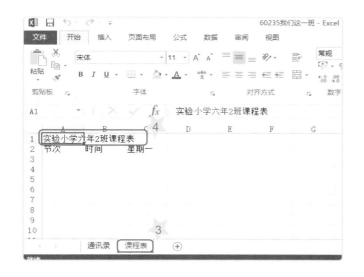

3 双击标签，然后更改工作表名称为"课程表"。

4 在A1单元格输入"实验小学六年2班课程表"标题文字后，按 Enter 键。

二 自动填充数据

1 在A2、B2和C2单元格中，分别输入"节次"、"时间"与"星期一"等内容。

2 拖曳C2单元格的填充控点至G2单元格，以填入"星期二"至"星期五"的文字。

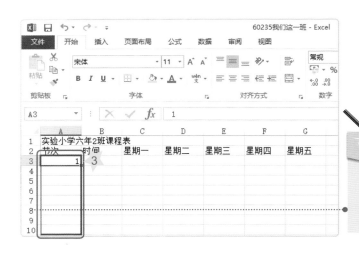

3 以相同的方法，在A3至A10单元格填入1、2、…节次。

魔法棒

以第14页的方法填入数行数据。

三 插入行/列

1 光标置于第3列的任一个单元格内。

2 单击 插入 "插入单元格"按钮的 ▾ 按钮。

3 选择"插入工作表行"命令。

4 以相同的方法，再新增一行。

5 在第5节的上方，新增两行。

魔法棒

插入新的行会显示在目前列的上方；插入新的列会显示在目前列的左侧。

6 光标放在第A列的任一个单元格内。

7 单击 插入 "插入单元格"按钮的 ▾ 按钮。

8 单击"插入工作表列"命令。

四 插入符号

1 在C3单元格内输入8。

2 单击"插入"功能卡。

3 单击"符号"按钮。

4 单击"符号"命令。

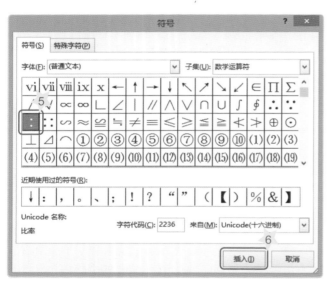

5 单击 ∶ "冒号"按钮。

6 单击"插入"按钮。

7 单击"关闭"按钮或继续插入其他符号。

五 输入多行文字

1 输入 00，然后同时按下 Alt 键和 Enter 键。

魔法棒

在单元格内输入数据时，同时按下 Alt 键和 Enter 键，称为"强迫换行"。这个动作可在单元格内输入多行文字。

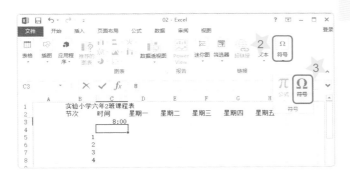

2 单击"符号"按钮。

3 单击"符号"命令。

4 在"子集"列表中选择"箭头"。

5 单击 ↓ 按钮。

6 单击"插入"按钮。

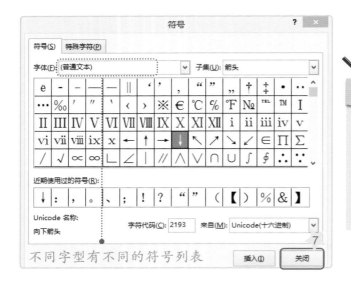

不同字型有不同的符号列表

7 单击"关闭"按钮。

魔法棒

插入符号时，可以连续插入多个符号，然后单击"关闭"按钮，结束插入符号的动作。

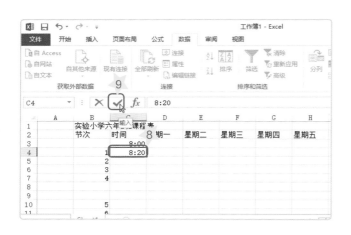

8 同时按下 Alt 键和 Enter 键，接着在第三行输入"8：20"。

9 单击 ✓ "输入"按钮。

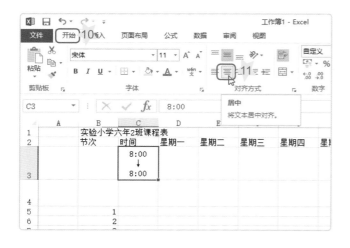

10 单击"开始"功能卡。

11 单击 ☰ "居中"按钮。

38

六 复制/粘贴单元格

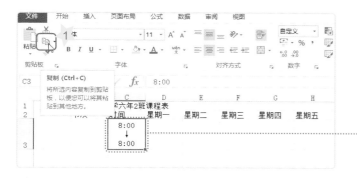

1 单击 "复制" 按钮。

复制的单元格外框会呈现虚线

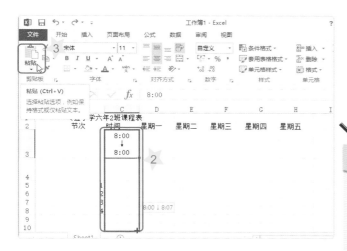

2 以拖曳方式选中C4至C14单元格。

3 单击 "粘贴" 按钮。

魔法棒

在Excel的工作表中，可以将一个单元格的内容复制到多个单元格内。

4 单击C4单元格。

5 向下拖曳边框线调整 "数据编辑栏" 窗口（这样比较容易操作）。

6 修改数据内容，然后单击 "输入" 按钮。

输入数据内容

七 合并单元格

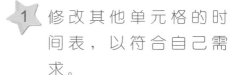

1 修改其他单元格的时间表，以符合自己需求。

2 在第2节下方插入一行，然后选中B7和C7单元格。

3 单击 图▼ "合并后居中" 按钮的 ▼ 按钮。

4 单击 "合并单元格" 命令。

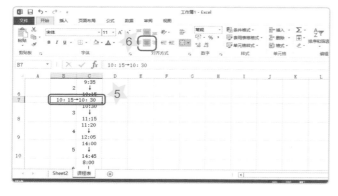

5 输入10:15→10:30或其他时间。

6 单击 ≡ "居中" 按钮。

7 用相同方法完成其他节次的时间表。

八 输入竖排文字

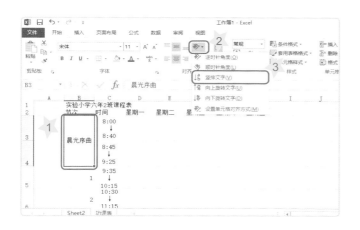

1. 先合并B3和B4单元格，然后输入"晨光序曲"文字。

2. 单击 "方向" 按钮。

3. 单击"竖排文字"命令。

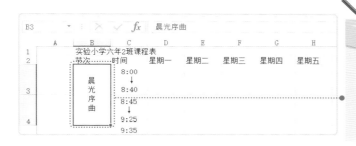

魔法棒

设置后的竖排文字。其他字段请用相同的方法，自行设计！

九 设置行高

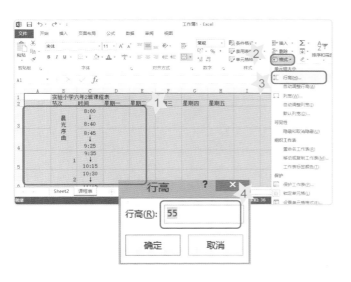

1. 选取第2行至第16行单元格。

2. 单击 格式 按钮。

3. 单击"行高"命令。

4. 输入55，然后单击"确定"按钮。

2-4 美化我的课程表

本节将为课程表加入边框线，以及设置单元格的背景色，来美化课程表的版面。

一 设置标题文字样式

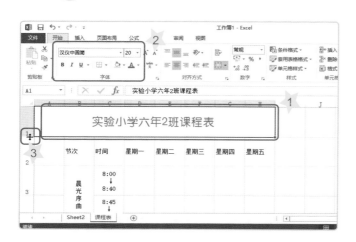

1 合并A1至H1单元格并居中对齐文字。

2 指定文字的字体、大小与颜色等样式。（自定义样式！）

3 拖曳边框调整第1行的高度。

二 设置边框样式

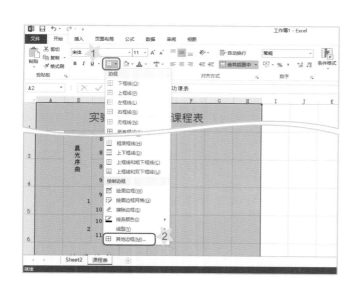

1 以拖曳方式选中课程表的单元格范围，然后单击 按钮的 按钮。

2 选择"其他边框"命令。

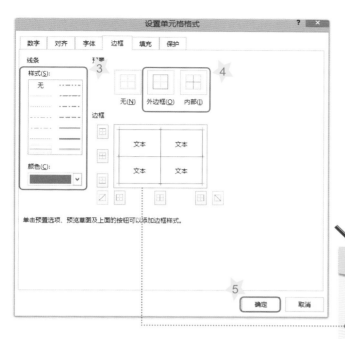

3 在"边框"选项卡单击一种线条样式与颜色。

4 分别单击 ⊞ "外边框"及 ⊞ "内部"按钮，指定边框样式。

5 单击"确定"按钮。

魔法棒

套用"内部"时，请先单击较细的线条样式（或不同的颜色）。

三 设置单元格对角线

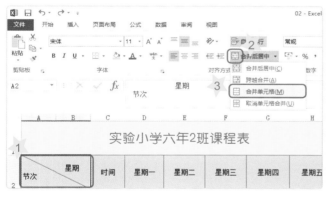

1 选择A2和B2单元格。

2 单击 ▦ ▾ "合并后居中"按钮的 ▾ 按钮。

3 单击"合并单元格"命令。

4 单击 ⌐ "对齐设置"按钮，打开"单元格格式"对话框。

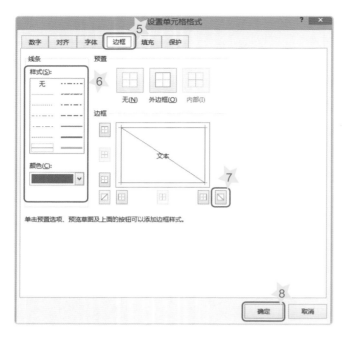

5 单击"边框"选项卡。

6 单击一种线条样式与颜色。

7 单击 ▨ 按钮，以指定对角线样式。

8 单击"确定"按钮。

9 分别在数据编辑栏的第一行及第三行输入"星期"和"节次"等文字。

四 设置单元格背景颜色

魔法棒

输入文字内容时，同时按下 Alt 键和 Enter 键以强制换行的方式输入三行文字。

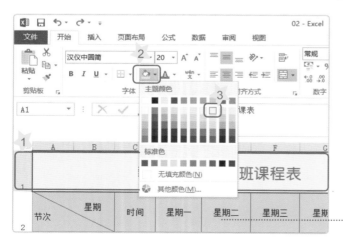

1 单击A1单元格。

2 单击 ♦ "填充颜色"按钮的 ▾ 按钮，打开颜色列表清单。

3 选择一种颜色。

其他课程表的版面设计及美化请参考范例，然后发挥你的创意自行设计。

升级箱

单元格内的文字方向可以视实际需求自行调整角度，调整时，请先单击"开始"功能卡，接着单击"格式→设置单元格格式"命令，然后在"对齐"选项卡中调整文字的角度。

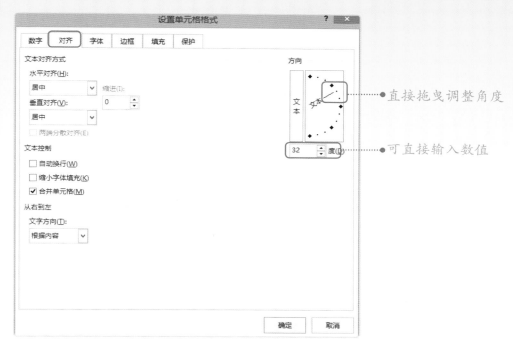

直接拖曳调整角度

可直接输入数值

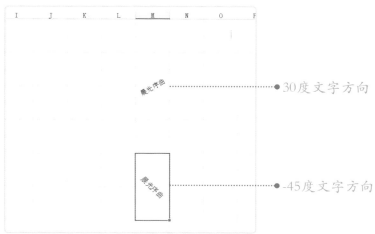

30度文字方向

-45度文字方向

换你做做看

打开"范例\ch02\60235我们这一班"文档，然后完成课程表的内容制作，字体样式自定义。（可以用复制及粘贴的方式，完成科目的输入。）

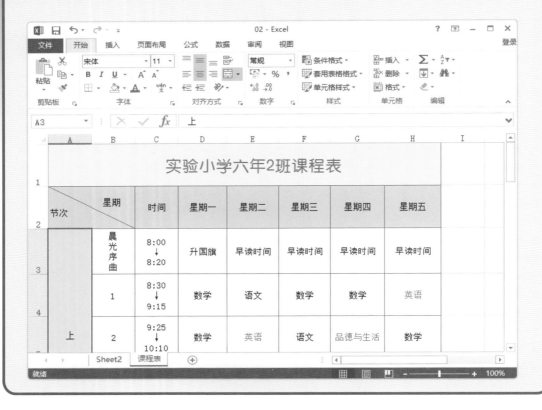

能设计课程表的版面并打印课程表

能在单元格内输入多行文字

能设置单元格的边线样式及背景颜色

能输入单元格数据并设置文字样式

第3课
我是小小理财家

1. 制作零用钱记录表
2. 设置单元格的数据类别
3. 用公式计算零用钱余额
4. 用"粘贴链接"共享资料
5. 设置密码保护工作表文档

3-1 我的零用钱记录表

　　在这一课中将利用Excel软件来管理零用钱的收入与支出，然后统计每个月花费的金额，以养成生活理财的好习惯。

一 保存文档

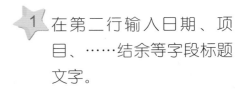

1　在第二行输入日期、项目、……结余等字段标题文字。

2　单击 💾 "保存"按钮。

3　单击"计算机"按钮。

4　单击"浏览"按钮。

5　指定保存的文件夹路径。

6　输入"60235我的零用钱"文件名。

7　单击"保存"按钮。

二 合并单元格

1 选中D1至H1单元格。

2 单击 ▦▾ "合并后居中"按钮的 ▾ 按钮。

3 选择"合并单元格"命令。

4 在D1单元格输入"支出"等文字。

5 分别合并"A1和A2"、"B1和B2"、"C1和C2"的单元格。

6 合并"I1和I2"的单元格。

7 选中A1至I1单元格的范围（标题字段）。

8 单击 ▤ "居中"按钮。

三 填充背景色

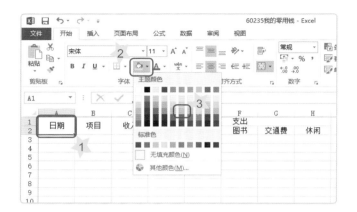

1 选择A1单元格。

2 单击  "填充颜色" 按钮的 ▼ 按钮，打开颜色列表清单。

3 选择一种颜色。

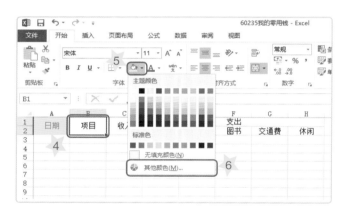

4 选择B1单元格。

5 单击 ▼ "填充颜色" 按钮的 ▼ 按钮，打开颜色列表清单。

6 选择 "其他颜色" 命令。

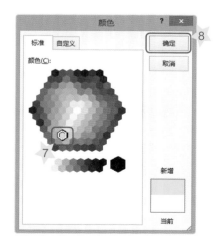

7 在 "标准" 选项卡中选择一种颜色。

8 单击 "确定" 按钮。

魔法棒

以相同方法，继续设置标题字段的背景颜色！

四 调整列宽

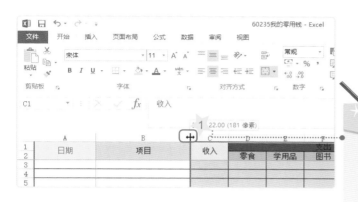

1 拖曳B列右侧边框线，调整B列的宽度。

魔法棒

拖曳边框线调整列宽时，会显示目前的宽度信息。

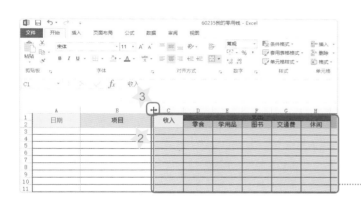

2 选取C列至I列的单元格。

3 拖曳I列右侧的边框线，以调整C列至I列的宽度。

调整后每一列宽度都会一样！

五 设置边框线

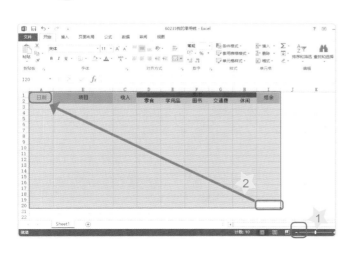

1 单击 ─ "缩小"按钮缩小显示比例。（这样比较好操作！）

2 由I20向A1单元格方向拖曳，以选取表格范围。

3 单击 ⊞▾ 按钮的 ▾ 按钮，打开边框样式列表。

4 选择"所有框线"命令。

🍀 六 手绘边框

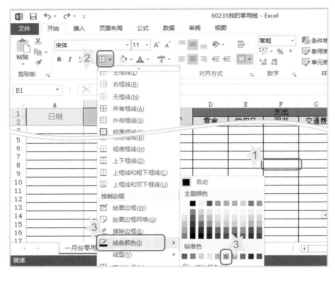

1 选中任一单元格取消选取状态。

2 单击 ⊞▾ 按钮的 ▾ 按钮，打开边框样式列表。

3 光标移至"线条颜色"命令，再选择一种颜色。

4 单击 ⊞▾ 按钮的 ▾ 按钮，打开边框样式列表。

5 光标移至"线型"命令，再选择一种线条样式。

6 光标指针呈 ✐ 状即可拖曳鼠标绘制边框线。

魔法棒

手绘边框线或表格后，必须再单击"绘制框线"或按下 Esc 键，以结束"手绘"边框线的动作，才能在单元格内输入数据！

7 单击 ⊞▾ 按钮的 ▾ 按钮，打开边框样式列表。

8 光标移至"线型"，再选择"双线条"样式。

9 按前面的方法指定边框线颜色，然后绘制第20行的上边框线。

3-2 计算公式的设置

本节将在"一月份零用钱"工作表中，设置计算"结余"与各项支出总和的公式，以方便管理零用钱。

一 修改工作表名称

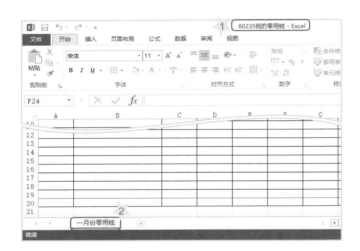

1. 打开"60235我的零用钱"文档。

2. 双击工作表名称标签，接着输入"一月份零用钱"等文字，然后按下 Enter 键。

二 设置日期类型的数据格式

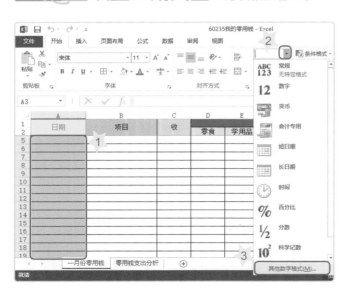

1. 选中A3至A19单元格的范围。

2. 单击 按钮，打开"数字格式"列表。

3. 选择"其他数字格式"命令。

4 在"数字"选项卡中
选择"日期"类型。

5 选择"2012年3月14
日"类型。

6 单击"确定"按钮。

三 设置数值类型的数据格式

1 单击选择C3至I19单元
格的范围。

2 单击 ⌐ 按钮，打开"设
置单元格格式"对话
框。

3 在"数字"选项卡中
选择"数值"类型。

4 选择 0 个小数位数。

5 单击"确定"按钮。

四 设置计算公式

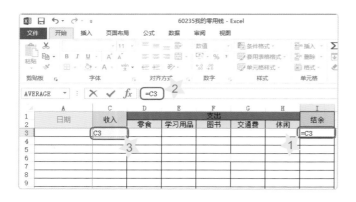

1 单击选择I3单元格。

2 光标插入点置于数据编辑栏上，再按下＝。

3 单击选择C3单元格或输入C3。

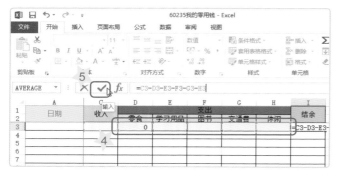

4 按下"－"及单击选择D3至H3单元格，以输入＝C3－D3－E3－F3－G3－H3的公式。

5 单击☑"输入"按钮。

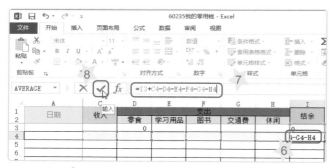

6 单击选择I4单元格。

7 输入＝I3＋C4－D4－E4－F4－G4－H4的公式。

8 单击☑"输入"按钮。

1. I3的公式是"收入－各项支出"；I4的公式是"上一笔的结余＋收入－各项支出"。

2. 输入计算公式时，可以直接输入单元格的名称或是单击单元格。

五 填充计算公式

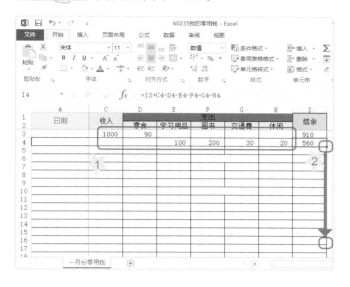

1 输入两笔数据，测试公式设置是否正确。

2 拖曳I4单元格的填充控点至I19单元格，以填入计算公式。

六 新增记录数据行

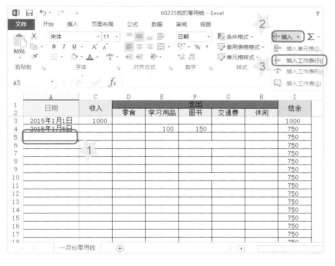

1 光标置于要插入数据行的位置。

2 单击 插入 ▼ 按钮的 ▼ 按钮。

3 单击选择"插入工作表行"。（可重复插入多行喔！）

4 拖曳上一行的填充控点至最后一笔数据，重新填入计算公式。

插入新的数据行后，下方的单元格必须重新填入公式！

AKILA 魔法教室

七 计算各项支出总和

1. 在A21单元格输入"总计"。

2. 单击选择D21单元格（总计的数据行上）。

3. 单击 Σ▾ "求和"按钮。

魔法棒

检查求和的虚框线位置是否正确。若是正确，再单击 Σ▾ "求和"按钮，即可完成求和计算。

4. 拖曳鼠标选择要求和的单元格范围。

5. 单击 ☑ "输入"按钮。

魔法棒

SUM是计算求和的函数，"SUM(D3:D20)"也就是D3+D4+……+D20的意思。

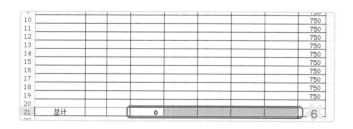

6. 拖曳D21单元格的填充控点至H21单元格，以计算各项支出的总和。

3-3 数据链接的设置

本节将在新的工作表内建立费用分析表，然后在第4课中利用这个分析数据表制作圆形统计图，来比较各项支出的多少。

一 选择性粘贴

1 选中D2至H2单元格（支出项目）。

2 单击 📋▾ "复制" 按钮。

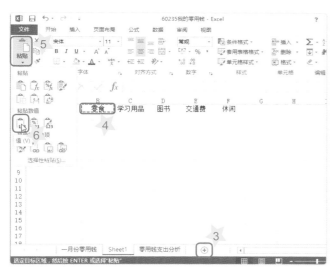

3 单击 ⊕ "新工作表" 按钮，以添加一张工作表。

4 单击选择B1单元格。

5 单击 粘贴 按钮。

6 单击 📋 "值" 按钮。

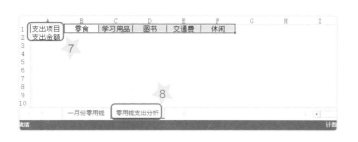

7 分别在A1与A2单元格输入 "支出项目" 与 "支出金额"。

8 修改工作表名称为 "零用钱支出分析"。

二 冻结窗格

当工作表的数据行有很多笔时，窗口无法容纳全部数据，这样会造成输入数据时，无法将数据输入到正确的单元格内，这时可以使用"冻结窗格"来固定字段标题栏，以方便数据的输入。

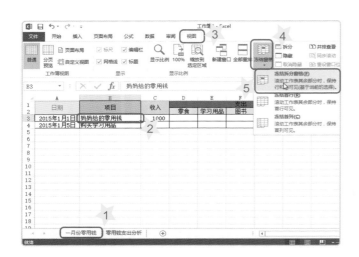

1 单击"一月份零用钱"工作表。

2 单击选择B3单元格。

3 单击选择"视图"功能卡。

4 单击 冻结窗格▾ 按钮。

5 选择"冻结拆分窗格"命令。

6 拖曳垂直滚动条而移动位置，预览"冻结窗格"后的效果。

拖曳垂直滚动条时第1行和第2行不会移动！

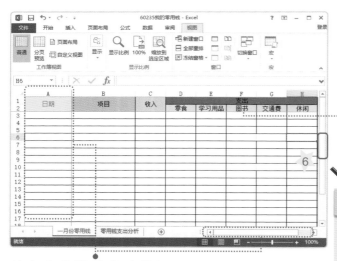

拖曳水平滚动条时第A列不会移动！

魔法棒

要取消冻结窗格时，只需单击"视图"功能卡，然后单击 冻结窗格▾，再单击选择"取消冻结窗格"命令即可。

三 粘贴链接

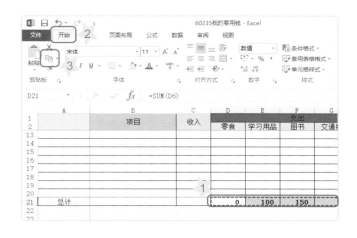

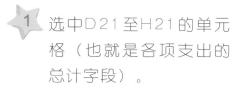

1. 选中D21至H21的单元格（也就是各项支出的总计字段）。

2. 单击选择"开始"功能卡。

3. 单击 ▾ "复制"按钮。

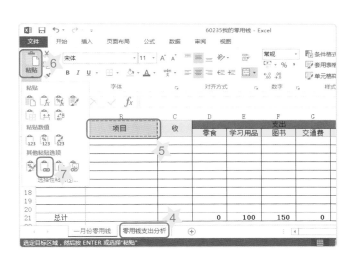

4. 单击选择"零用钱支出分析"工作表。

5. 单击选择B2单元格。

6. 单击 粘贴 按钮。

7. 单击选择 "粘贴链接"按钮。

魔法书

1.粘贴链接的好处是"来源单元格"内容有变动时，"目的单元格"的数据也会随着变动。不论是否在同一工作表都可以使用"粘贴链接"。

2.当"零用钱"工作表新增数据列时，目的单元格的公式会自动更新。

3-4 保护我的文档

本节将为"60235我的零用钱"文档设置打开的密码，防止文档遭人篡改或是浏览，来保护重要的文档。

一 设置工作簿保护密码

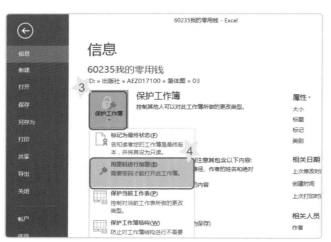

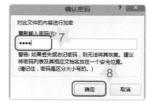

1　打开"60235我的零用钱"文档。

2　单击"文件"功能卡。

3　单击"保护工作簿"按钮。

4　选择"用密码进行加密"。

5　输入密码。

6　单击"确定"按钮。

7　重新输入密码。（和步骤5相同的密码！）

8　单击"确定"按钮。

9 单击"保存"按钮。

已设置密码

二 删除工作簿保护密码

1 打开要删除密码的文档，然后单击"开始"功能卡。

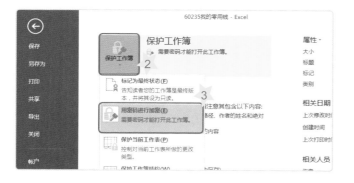

2 单击"保护工作簿"按钮。

3 单击选择"用密码进行加密"命令。

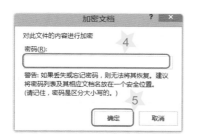

4 清空文字框内的字符。

5 单击"确定"按钮。

三 保护工作表

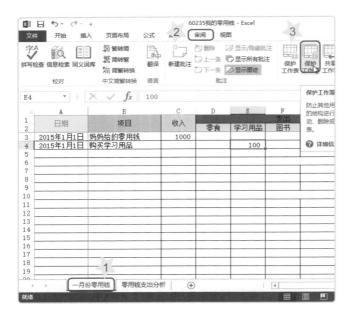

 选择要保护的工作表。

 单击"审阅"功能卡。

3 单击"保护工作簿"。

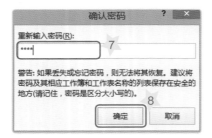

4 输入密码。（不可忘记啊！）

5 勾选允许用户操作的项目。

6 单击"确定"按钮。

7 再输入一次密码。

8 单击"确定"按钮。

1.在Excel软件中SUM是计算求和的函数，常用的语法有：

（a）=SUM(6,2)代表6+2。

（b）=SUM(E3:G3)代表从E3到G3

（c）=SUM(C8:D9,F8:F10)代表把两个区域的值加在一起，如下图所示：

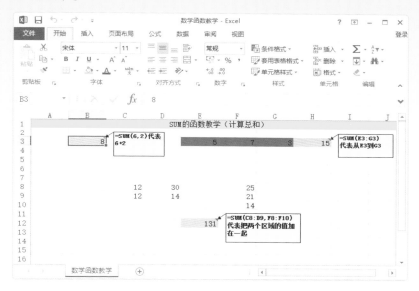

2.要删除已保护的工作表，可以依照下列步骤操作：

输入旧密码

换你做做看

打开"60235我的零用钱"文档，然后记录你的零用钱支出情形，并且设置密码来保护这个文档。

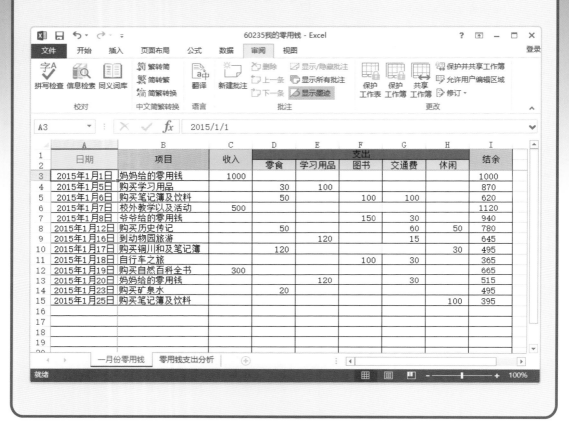

  能设置密码保护工作簿与工作表

能用公式来计算零用钱的支用余额与总计

能利用"粘贴链接"复制单元格资料

能设计零用钱支出记录表

第4课
统计图表轻松做

1. 打开有密码保护的文档

2. 设置各项费用支出比例的公式

3. 将统计数据制作成图表

4. 修改图表标题格式

5. 美化三维饼图

4-1 数据分析真容易

本节将要打开第3课"60235我的零用钱"的文档，然后来分析各项支出费用所占的百分比。

一 打开密码保护的文档

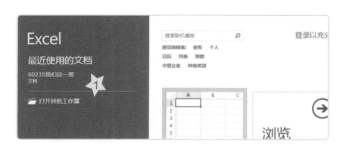

1 启动Excel软件，接着单击"打开其他工作簿"。

2 单击"计算机"。

3 单击"浏览"按钮。

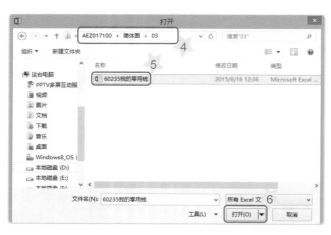

4 选择"AEZ017100/简体图/03"或其他文件夹。

5 选择"60235我的零用钱"文件。

6 单击"打开"按钮。

7 输入密码，然后单击"确定"按钮。

二 制作数据分析表

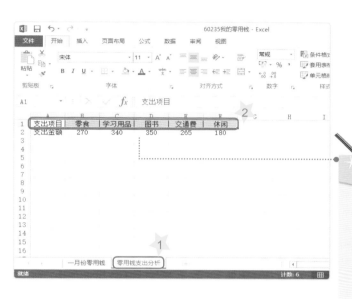

1 选择"零用钱支出分析"工作表。

2 选中A1至F1单元格。

魔法棒

B2至F2单元格内的公式是"粘贴链接"的，不可修改，只可修改文字的样式与背景颜色喔！

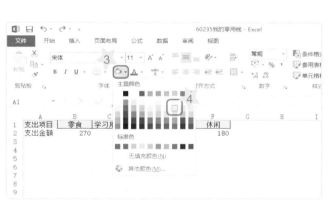

3 单击 "填充颜色"按钮的 按钮，打开颜色列表清单。

4 选中一种颜色。

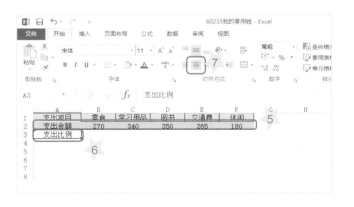

5 用相同方法，在A2至F2单元格填入颜色，以美化窗体。

6 在A3单元格输入"支出比例"的名称。

7 单击 "居中"按钮。

8 选中A1至F3单元格的范围。

9 单击 按钮的 按钮，打开样式列表。

10 选择"所有框线"。

魔法棒

套用框线时，可先指定线条颜色及样式！

三 设置各项费用支出比例的公式

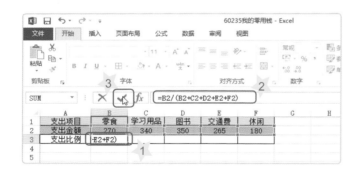

1 选择B3单元格。

2 输入计算公式"=B2/（B2＋C2＋D2＋E2＋F2）"。（/符号是÷号的意思）

3 单击 "输入"按钮。

4 单击 "居中"按钮。

5 向右拖曳B3单元格的填充控点至F3单元格，以填入计算公式。

70

魔法棒

很显然的，自动填入单元格的公式后，计算出来的数值是错的。现在请你检查C3至F3单元格公式内的分母，会发现并非是各项支出的总和。

魔法书

1. 计算各项支出所占的比例的公式是"支出项目÷支出总和"，例如，"零食"所占的比例计算公式是＝B2/(B2＋C2＋D2＋E2＋F2)。

"学习用品"所占的比例计算公式是＝C2/(B2＋C2＋D2＋E2＋F2)。"交通费"所占的比例计算公式是＝E2/(B2＋C2＋D2＋E2＋F2)。因此分母是不可以改变的，在上面自动填充的操作过程中，分母是会自动改变的。

2. 避免自动填充时变更单元格的位置，可以采用"绝对地址"，只需在栏号及列号之前加入$符号，例如，$B$2。所以在自动填充之前将＝B2/(B2＋C2＋D2＋E2＋F2)

改为＝B2/($B$2＋$C$2＋$D$2＋$E$2＋$F$2)即可。

3. 行号或列号之前加入$符号，例如，$B$2、C$2或$D2，自动填充单元格式，地址会维持不变。

四 修正计算公式

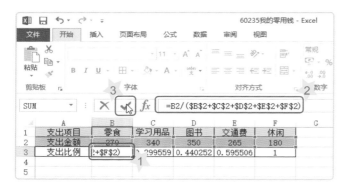

1　选中B3单元格。

2　修改公式内的分母。

3　单击 ☑ "输入"按钮。

4　向右拖曳B3单元格的填充控点至F3单元格，以填入修正的计算公式。

五 设置百分比格式

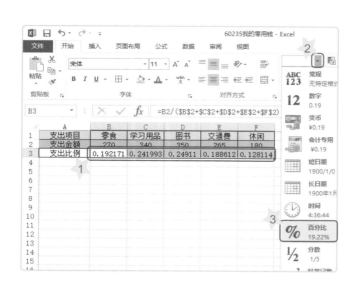

1　选中B3至F3单元格的范围。

2　单击 ▼ 按钮，打开常规列表清单。

3　选择"百分比"命令。

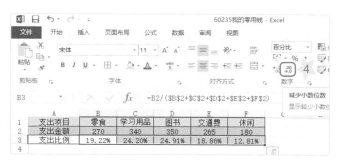

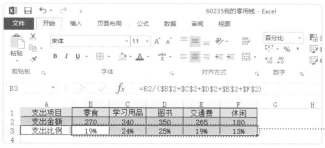

● 设置百分比格式

1.B3单元格的公式=B2/($B$2+$C$2+$D$2+$E$2+$F$2)可以修改为=B2/SUM($B$2:$F$2)，也就是利用SUM函数来计算分母的数值。

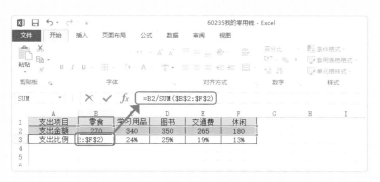

2.单元格的位置以B2型态表示称为"相对地址"，以$B$2型态表示称为"绝对地址"。若是只想固定列号，就以$B2表示；若是只想固定行号，就以B$2表示。

　　"统计图表"是用来表达一大堆数字数据最好的形式，所谓"一图胜过千言万语"就是这个道理。Excel提供的统计图有分区图、条形图、直线图、折线图、饼图、圆圈图及各种立体图等。

　　本节将利用"零用钱支出分析表"内的数据制作成立体圆形的图表，以图表方式来呈现各项支出费用所占的比例。

一 插入图表

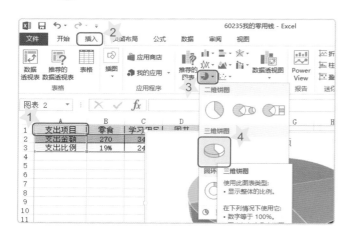

1 选中A1单元格。

2 单击选择"插入"功能卡。

3 单击 ◔▾ "插入饼图或圆环图"按钮。

4 选择 ◔ "三维饼图"按钮。

二 选取数据列

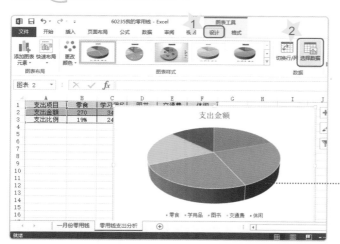

1 单击"图表工具"的"设计"功能卡。

2 单击"选择数据"按钮。

系统自动以"支出金额"绘制图表

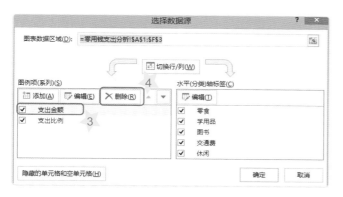

3 单击选择"支出金额"。

4 单击"删除"按钮。

5 单击"确定"按钮。

三 插入数据标签

也可以由这里
添加图表元素

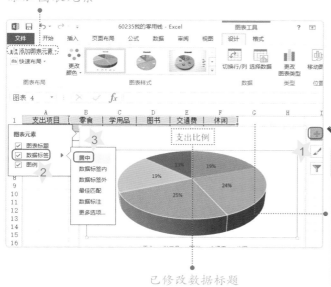

已修改数据标题

1 单击 ➕ "图表元素"
按钮。

2 勾选"数据标签"。

3 单击选择"居中"。

魔法棒

单击选择图表才会显示 ➕
"图表元素"、🖌 "图表
样式"与 🔽 "图表筛选
器"工具按钮。

四 调整图表大小与位置

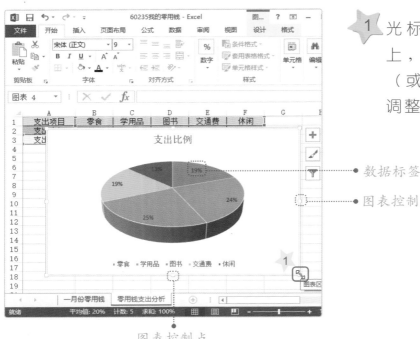

图表控制点

1 光标移至图表控制点上，光标呈双箭号时（或 ↔）拖曳控制点调整图表的大小。

● 数据标签

● 图表控制点

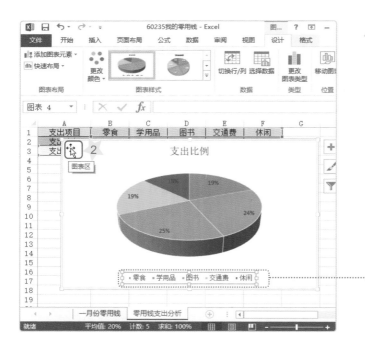

2 光标移至图表控制点上，光标呈 ✥ 状时拖曳图表移动位置。

● 图例

4-3 编辑图表标题

使用内置的图表样式，可能无法满足你个人的需求。本节中将要引导你进一步来修饰图表的标题及图表样式。

一 修改图表标题文字

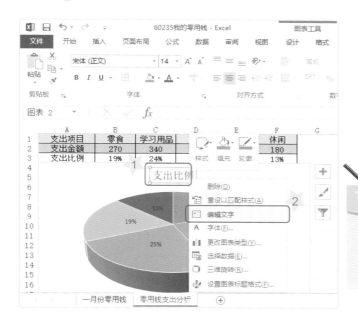

1 在图表标题上右击鼠标，打开快捷菜单。

2 单击"编辑文字"命令。

魔法棒

也可以双击图表标题插入光标，然后修改标题文字。

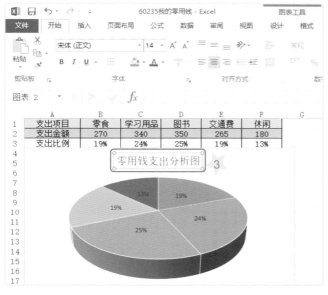

3 修改标题文字为"零用钱支出分析图"。

二 修改图表标题格式

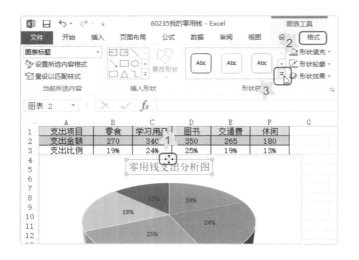

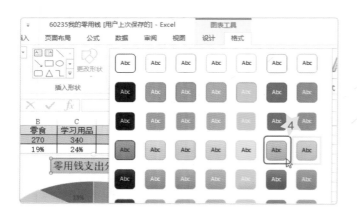

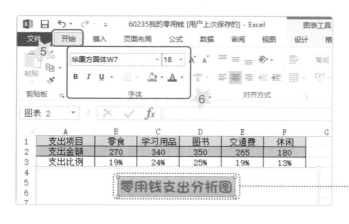

1 单击"图表标题"的边框线，以选择标题文本框。

2 单击"图表工具"的"格式"功能卡。

3 单击 其他"按钮，展开"图案样式"列表。

4 选择一种图案样式。

5 单击选择"开始"功能卡。

6 选择一种文字的字体、颜色及大小等样式。（自定义喔！）

● 设置后的标题样式

三 修改图例的位置与格式

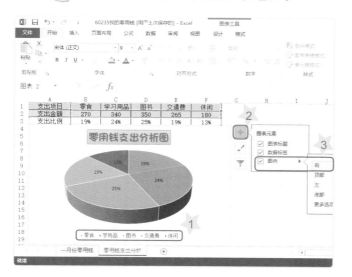

1 单击选择"图例"对象。

2 单击 ➕ "图表元素"按钮。

3 勾选"图例"再选择"右"的位置。

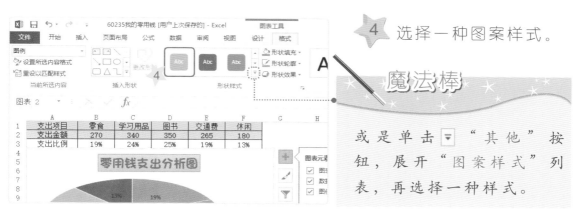

4 选择一种图案样式。

魔法棒

或是单击 ▾ "其他"按钮，展开"图案样式"列表，再选择一种样式。

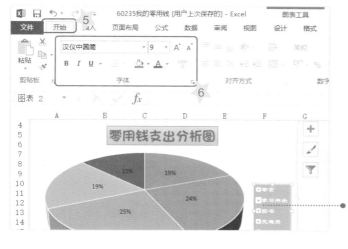

5 单击"开始"功能卡。

6 选择一种文字的字体、颜色及大小等样式。（自定义喔！）

● 修改后的图例样式

4-4 美化立体图表

本节将要修饰三维饼图表的颜色样式，以及加入数据标签，来美化这个图表。

一 调整图表的立体视图角度

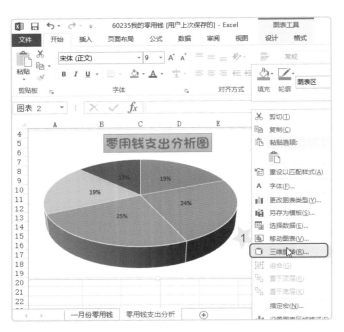

1 在图表区上右击打开快捷菜单，然后单击"三维旋转"命令。

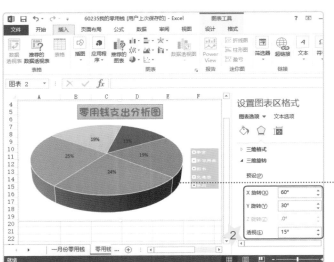

2 选择▲或▼按钮调整X、Y轴及透视图的角度。（旋转图表的角度，自己测试看看啰！）

可立即显示调整后的样式

二 加入数据标签

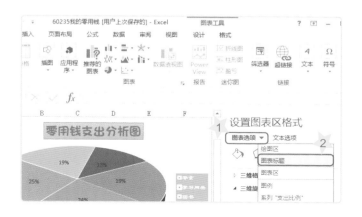

1 单击"图表选项"。

2 选择"图表标题"。

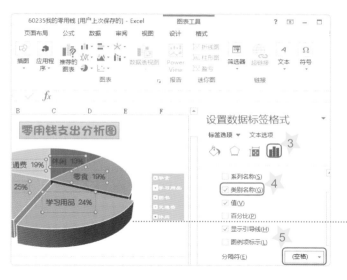

3 单击▮▮"标签选项"。

4 勾选"类别名称"。

5 单击"空格"分隔符。

数据标签此时呈
现选择状态喔!

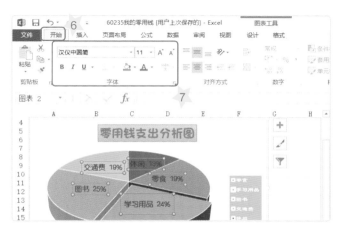

6 单击"开始"功能卡。

7 指定文字的字体及大
小等样式。

三 变更数据点格式

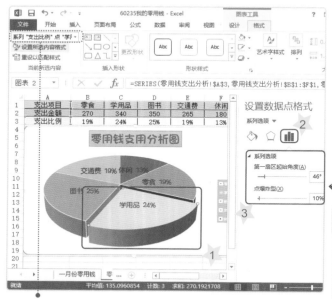

按下可显示右边窗格

1 选择要修改的数据点图形区块。

2 单击 ▥ "标签选项"。

3 调整起始角度与点爆炸型的设置值。

魔法棒

调整"点爆炸型"的数值，可分离扇形区块。

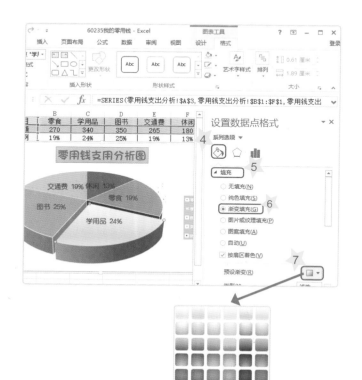

4 单击 ◇ "填充与线条"按钮。

5 单击"填充"选项卡。

6 单击"渐变填充"。

7 单击 □▼ "预设渐变"按钮，打开颜色列表，再选择一种样式。

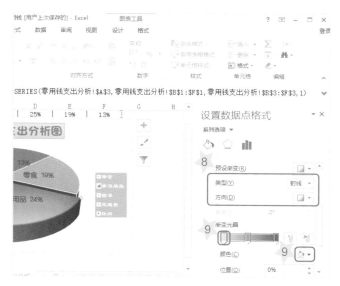

8 调整颜色渐变的类型与方向。

9 先选择一个渐变光圈，再指定其颜色，可修改渐变颜色的样式。

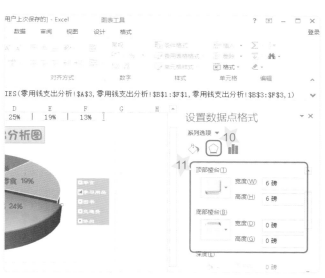

10 单击 "效果" 按钮。

11 单击 "三维格式" 展开列表，然后选择一种三维效果。

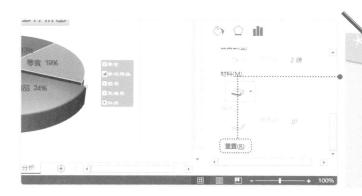

魔法棒

三维效果列表中有各种样式及设置值，自己测试看看，不满意时可单击 "重置" 按钮重新设置！

四 设置图表区颜色

1 单击"图表区"再单击 重设以匹配样式 按钮。

2 单击"渐变填充"。

3 选择一种预设渐变及类型。

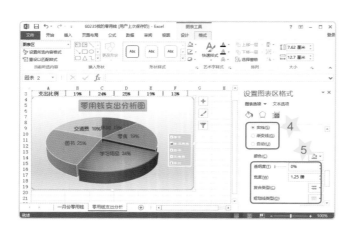

4 单击"边框"列表清单，然后单击"实线"或其他样式。

5 指定线条颜色、宽度与复合类型。

6 勾选"圆角"。

7 单击 × "关闭"按钮，完成图表编辑的工作。

升级箱

图表区的背景颜色，还可以使用材质样式，可以依照下列步骤使
用纹理样式的背景色。

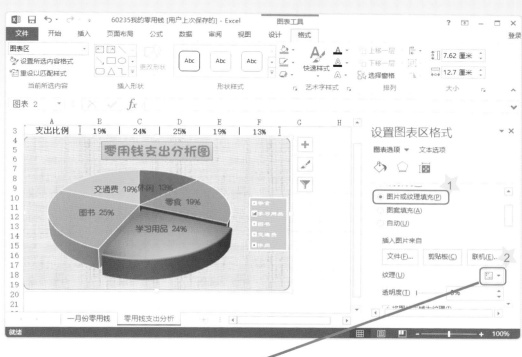

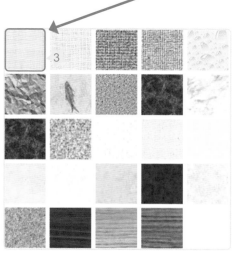

85

换你做做看

下表是育峰小学六年2班家长职业统计表，利用这个表格数据制作成三维饼图，并美化这个图表。

职业别	工	商	农	公	教
人数	12	9	1	6	2

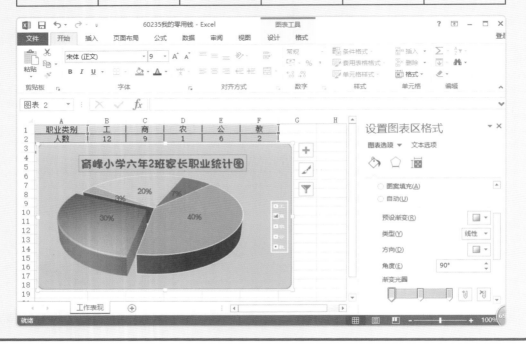

 能变更图表颜色来美化三维饼图

 能依据统计数据制作三维饼图

能在图表上加入数据列标签

 能制作家长职业统计表

第 5 课
我的专题制作

1. 用Excel记录专题制作的数据资料

2. 在单元格中插入标点符号或特殊符号

3. 设置单元格的数值资料格式

4. 绘制并美化折线图

5. 用艺术字制作标题

5-1 记录蝴蝶的成长

在这一课中，将利用Excel软件来记录蝴蝶幼虫的成长，并绘制成长的图表，然后制作成养蝶专题报告。

一 建立新文档

1 打开Excel软件，然后单击"空白工作簿"。

2 单击 🖫 "保存"按钮。

3 单击"计算机"。

4 单击"浏览"。

5 指定保存的文件夹位置。

6 输入名称"60235我的专题制作"。

7 单击"保存"按钮。

二 绘制成长记录表

1 输入记录表的标题及域名。

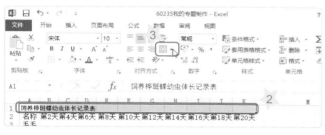

2 选中A1至K1的单元格范围。

3 单击 ⊞▾ "合并后居中"按钮。

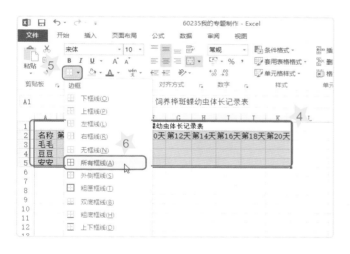

4 选择A1至K5的单元格范围。

5 单击 ⊞▾ 按钮的 ▾ 按钮，打开边框线样式列表。

6 选择"所有框线"。

魔法书

按下 ⊞▾ "合并后居中"按钮，可以执行合并选择的单元格及水平居中对齐的动作。设置后再单击 ⊞▾ 按钮，即可删除设置。

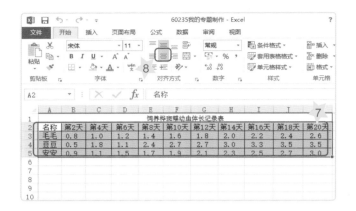

7 输入三只幼虫体长的记录数据，然后选中A2至K5的单元格范围。

8 单击 ≡ "居中"按钮。

三 插入标点符号

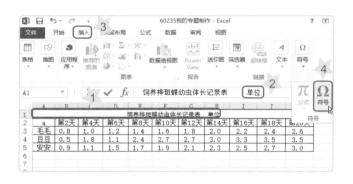

1 选择A1单元格。

2 光标置于数据编辑列"表"字的右侧，再按下 Spacebar 键数次并输入文字"单位"。

3 单击"插入"功能卡。

4 选择"Ω符号→Ω符号"。

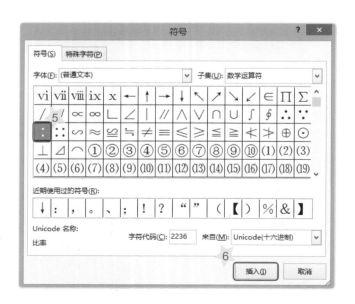

5 选择 ⋮ "冒号"按钮。

6 单击"插入"按钮。

7 单击"关闭"按钮或继续插入其他符号。

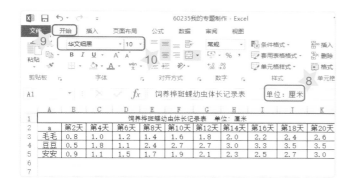

8 先输入"厘米"文字，再选择"单位：厘米"文字。

9 单击"开始"功能卡。

10 选择一种字体并指定字号为10。

11 单击 A▾ "字体颜色"按钮的▾按钮，打开颜色列表清单。

12 选择一种字体颜色样式。

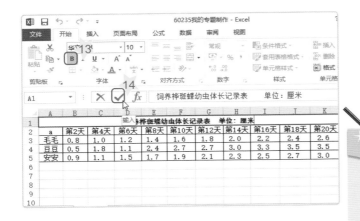

13 单击 **B** "粗体"按钮。

14 单击 ✓ "输入"按钮。

魔法棒

同一个单元格内的文字，可以设置不同样式的文字格式。

🍀 四 指定小数位数

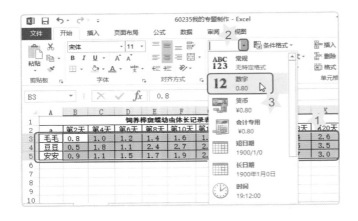

1 选中B3至K5的单元格范围。

2 单击 ▾ 按钮，打开数据格式下拉列表。

3 选择"数字"数据格式。

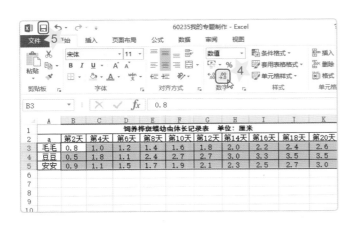

4 单击 .00 "减少小数位数"按钮。

5 单击 🖫 "保存"按钮。

5-2 制作折线图

在各种统计图表中，折线图可以显示一定时间内数据的变动情形。当你有多组数据时，更能清楚比较数据的变化情形。本节将利用折线图来呈现三只桦斑蝶幼虫的体长变化情形。

一 建立折线图

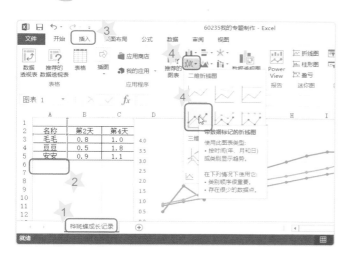

1 修改工作表名称为"桦斑蝶成长记录"。

2 光标置于任一单元格。

3 单击"插入"功能卡。

4 单击 🔺 "插入折线图"按钮，再选择 🔺 "带数据标记的折线图"样式。

二 移动图表

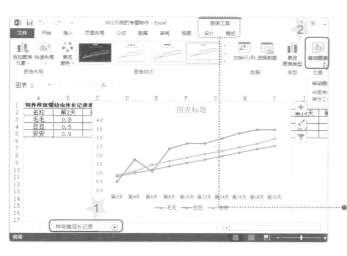

1 先单击 ⊕ "新工作表"按钮，以增加一张工作表，然后再选择"桦斑蝶成长记录"工作表。

2 单击"移动图表"。

图表在"选中"状态时，才会显示"图表工具"选项卡！

3 选择"对象位于"，再选择Sheet1。

4 单击"确定"按钮。

三 编辑图表标题

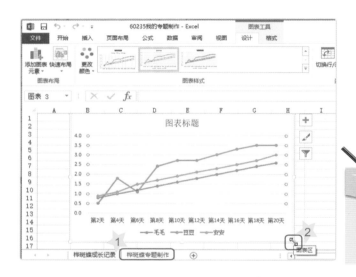

1 将Sheet1的名称修改为"桦斑蝶专题制作"。

2 拖曳控制点调整"图表区"的大小。

魔法棒

将图表建立在不同的工作表，以便制作专题报告。

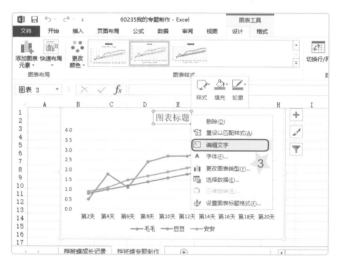

3 在"图表标题"上右击，再选择"编辑文字"命令。

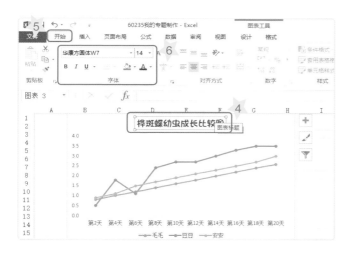

4 修改标题文字为"桦斑蝶幼虫成长比较图"，然后单击边框线，以选择标题文字对象。

5 单击"开始"功能卡。

6 指定文字的字体、大小和颜色等样式。

四 编辑坐标轴文字与图例样式

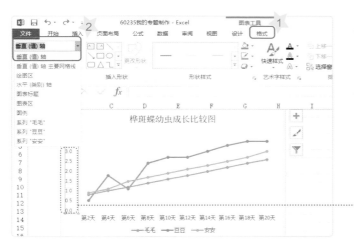

1 单击"图表工具"的"格式"功能卡。

2 单击 ▼ 按钮，打开"图表项目"下拉列表，再单击"垂直（值）轴"项目。

● 也可以直接选择图表项目

3 指定文字的字体、大小和颜色等样式。（自定义）

4 单击"水平（类别）轴"图表项目。

修改后的样式

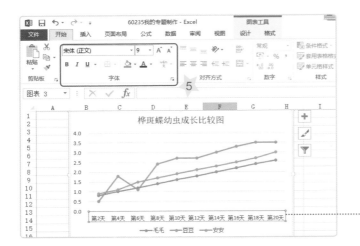

5 指定字号、颜色及字体样式。（自定义）

● 修改后的样式

6 选中"图例"对象。

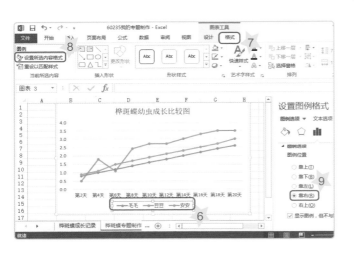

7 单击"图表工具"的"格式"功能卡。

8 单击"设置所选内容格式"。

9 单击"靠右"，以变更图例的位置。

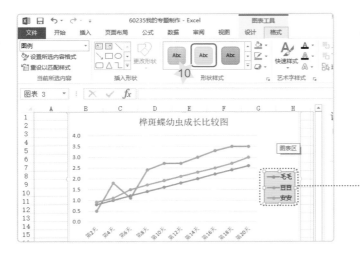

10 选择一种图案样式。

● 修改后的样式

五 美化图表

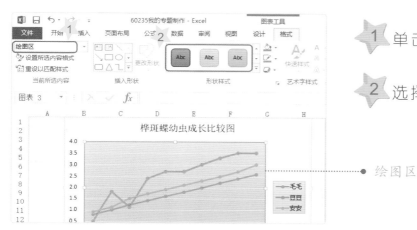

绘图区

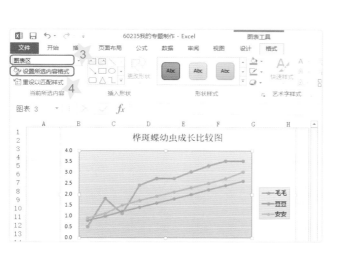

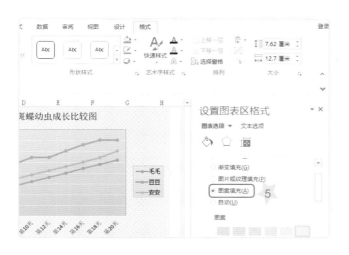

1 单击"绘图区"。

2 选择一种图案样式。

3 单击"图表区"。

4 单击 设置所选内容格式 按钮，打开"图表区格式"窗格。

5 单击"图案填充"。

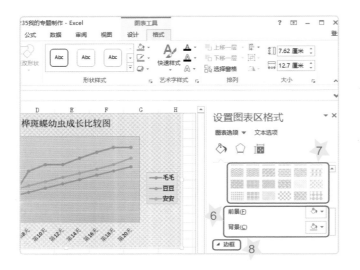

6 分别指定"前景"与"背景"颜色。

7 选择一种样式。

8 单击"边框"标签。

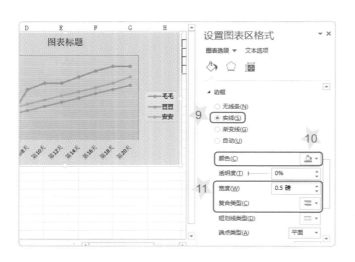

9 选择"实线"。

10 选择一种颜色。

11 指定宽度为"0.5磅"并选择一种线条样式（复合类型）。

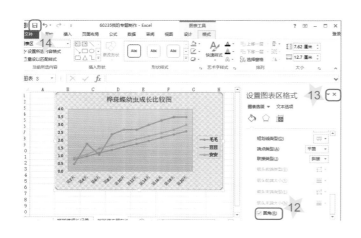

12 勾选"圆角"。

13 单击 × "关闭"按钮。

14 单击 🖫 "保存"按钮。

5-3 艺术字的应用

　　Microsoft Office的艺术字是制作标题的好工具，在这一节中，将利用"艺术字"来制作专题报告的标题文字。

一 移动/删除工作表

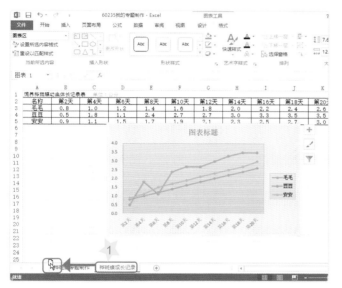

1 直接拖曳工作表标签移动位置。

2 选择要删除的工作表。

3 选择"开始"功能卡。

4 单击 删除 按钮的 按钮。

5 选择"删除工作表"命令。

二 插入艺术字

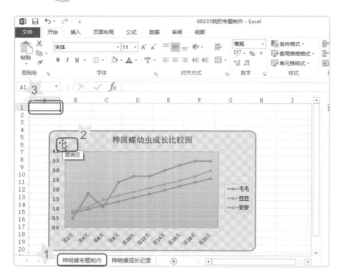

1 选择"桦斑蝶专题制作"工作表。

2 向下拖曳图表，移动图表的位置。

3 选中A1单元格。

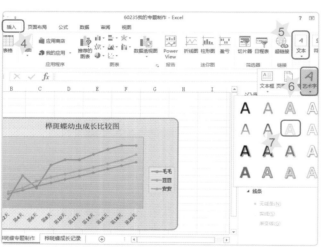

4 选择"插入"功能卡。

5 单击"文本"按钮，打开列表。

6 选择"艺术字"。

7 选择一种样式。

8 输入"桦斑蝶的成长"等标题文字，然后拖曳边框线移动位置。

三 转换艺术字对象

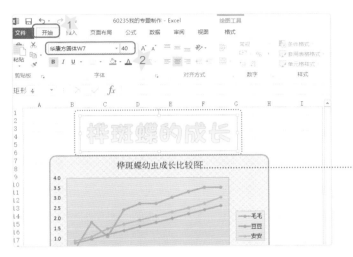

1 选择"开始"功能卡。

2 指定文字的字体及大小。

艺术字对象是被选中状态喔!

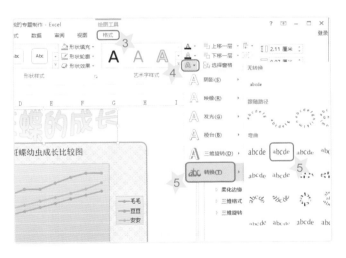

3 选择"绘图工具"的"格式"功能卡。

4 单击 A· "文字效果"按钮。

5 光标移至"转换",再选择一种样式。

6 拖曳控制点调整文字对象的大小。

魔法棒

艺术字对象经过执行"转换"的动作后,就可以用拖曳控制点的方式调整对象大小了!

四 设置文字效果

1 单击 按钮，打开"设置形状格式"窗格。

2 单击 A "文本填充轮廓"按钮。

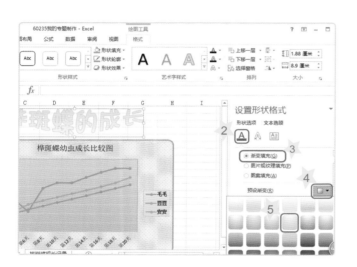

3 选择"渐变填充"。

4 单击 ▢▾ "预设渐变"按钮。

5 选择一种渐变样式。

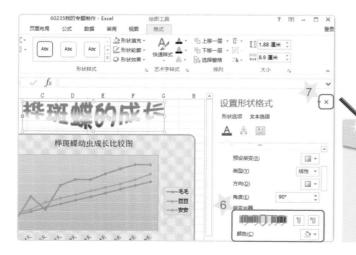

6 可以利用新增／删除停止点方式指定所需的颜色。（参考第105页）

7 单击 ✕ "关闭"按钮。

魔法棒

文字效果格式对话框内的其他设置选项，可以自己体验看看！

5-4 文件版式设置

本节将要调整"桦斑蝶专题制作"工作表的文件边距，以及图表与文字艺术师对象的大小，来符合打印纸张的大小。

一 设置文件边距

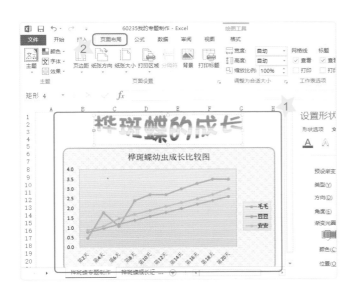

1 调整文字对象及图表的位置。

2 单击"页面布局"功能卡。

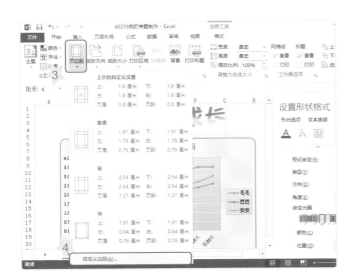

3 单击"页边距"。

4 选择"自定义边距"命令。

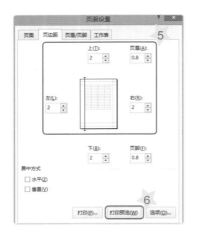

5 指定上、下、左、右边距值为 2 厘米。

6 单击"打印预览"按钮。

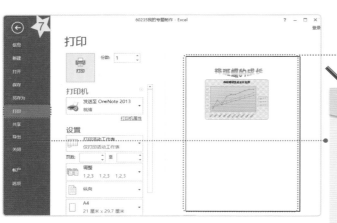

7 单击 ← 按钮返回编辑画面。

● 打印预览画面

魔法棒

单击"文件"功能卡的"打印",也可以显示打印预览的画面。

二 隐藏网格线

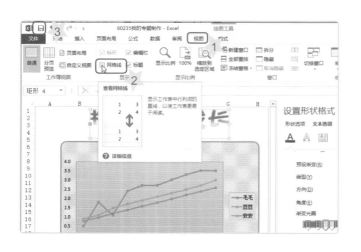

1 单击"视图"功能卡。

2 取消勾选"网格线"。

3 单击 🖫 "保存"按钮,然后关闭软件窗口,第六课再继续编辑这个文档啰!

升级箱

在设置"艺术字"对象的填充渐变颜色时，可以新建或删除渐变
停止点，或是拖曳停止点的位置，以产生不同样式的渐变效果。

1 选择要编辑的渐变停
止点。

2 指定渐变停止点的颜色。

3 新建或删除渐变停止点。

换你做做看

打开"范例\ch05\气温统计表"文档，然后将"北京地区城市最高气温统计表"的资料以折线图方式呈现并美化图表。

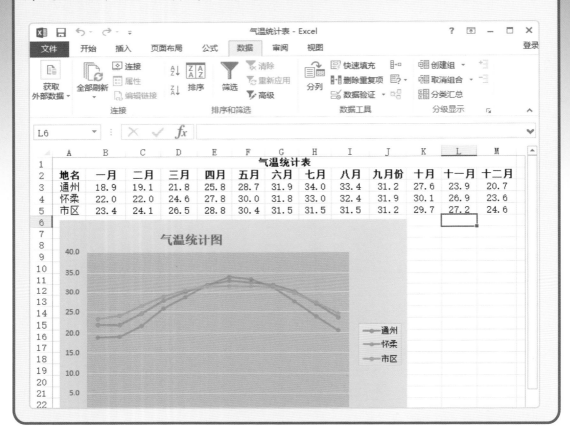

 能搜集数据并将数据以折线图方式呈现

 能修改折线图的标题文字

 能更改图表区的背景颜色

 能将数值数据转换成折线图

第6课
校园蝶蝶乐

1. 搜索及插入美工图案
2. 插入与编辑图案格式
3. 插入与编辑SmartArt图形
4. 用SmartArt图形描述蝴蝶的一生
5. 使用图片来美化专题

6-1 插入美工图案

加入美工图案来美化专题制作是必要的工作，Office.com网站提供许多精致的美工图案让你可轻松地美化你的专题文档。

一 打开旧文档

1 打开Excel 2013软件，然后单击"打开其他工作簿"。

2 单击"计算机"按钮。

3 单击"浏览"按钮。

4 指定保存的文件夹位置。

5 单击"60235我的专题制作"文档。（第5课建立的文档）

6 单击"打开"按钮。

✿二　搜索美工图案

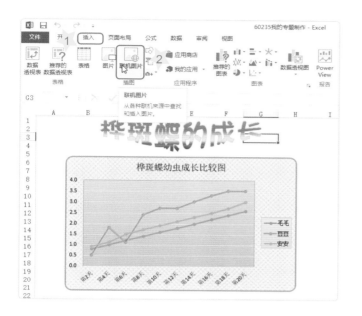

1 单击"插入"功能卡。

2 单击"联机图片"按钮。

3 输入"蝴蝶"等关键词，然后单击 "搜索"按钮。

✿三　加入美工图案

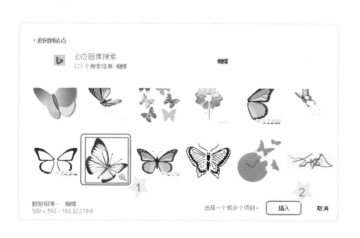

1 选择要加入的图片缩图。

2 单击"插入"按钮。

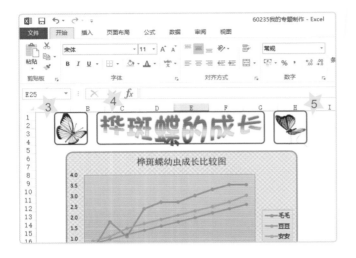

3 调整文字对象的大小及位置。

3 调整文字对象的大小及位置。

4 调整已插入图片的大小及位置。

5 用相同的方法加入第二张图片。

6 单击"联机图片"按钮。

7 输入"分隔线"等关键词，然后按下 🔍 "搜索"按钮。

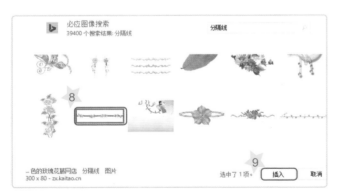

8 选择要加入的图片。

9 单击"插入"按钮。

10 适度地调整各图片与文字的大小及位置。

6-2 图案工具的使用

Excel提供线条、矩形、箭头、方程式与流程图等图案工具，让你轻松绘制各种几何图形，来美化你的项目作品。

一 插入图案

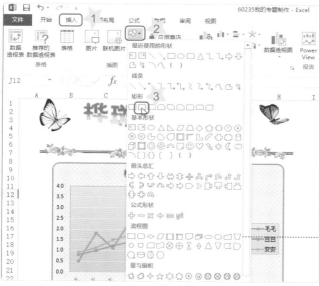

⭐ 1 单击"插入"功能卡。

⭐ 2 单击 "图案"按钮。

⭐ 3 选择口 "圆角矩形"按钮。

魔法棒

这里有很多种图案，可以选择自己喜欢的图案来美化文件喔！

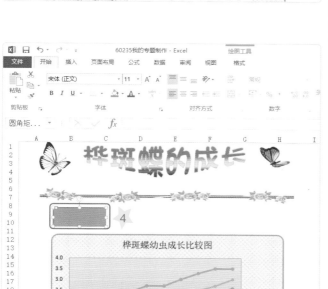

⭐ 4 拖曳鼠标绘制一个圆角矩形图案。

二 添加文字

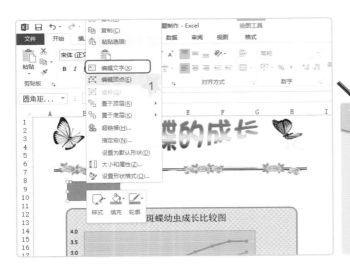

1 在圆角矩形上右击，再选择"编辑文字"命令。

魔法棒

在工作表上插入图案或美工图案后，这些图案好像是浮贴于工作表上的贴纸，不影响单元格的内容。

2 输入文字"幼虫的成长"，然后选择图案边框线，以选择图案。

3 单击"开始"功能卡。

4 单击 A "增大字号"按钮或 A "减小字号"按钮，调整字号。

5 单击 ≡ 和 ≡ 按钮居中对齐文字。

6 拖曳控制点调整图案大小，以容纳文字内容。

三 套用图案样式

1 拖曳边框线调整图案的位置。

2 单击"绘图工具"的"格式"功能卡。

3 单击 ▾ "其他"按钮，打开形状样式列表。

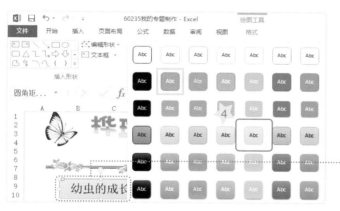

4 选择一种形状样式。

鼠标移至形状样式缩图上方即可预览效果

四 设置图案外框

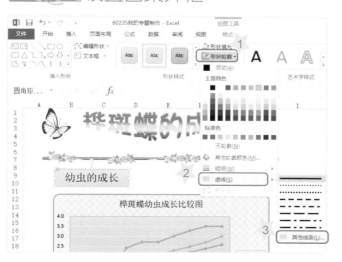

1 单击 形状轮廓 ▾ 按钮。

2 光标移至"虚线"。

3 选择"其他线条"。

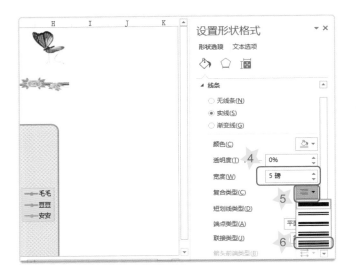

4 指定线条宽度为 "5 磅"。

5 单击 ≡ ▾ "复合类型" 按钮，打开样式列表。

6 选择一种线条样式。

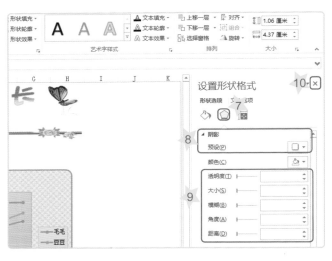

7 单击 ⬠ "效果" 按钮。

8 单击 "阴影" 标签，然后单击 □ ▾ 按钮并选择一种样式。

9 微调阴影设置值。 （自己试试看）

10 单击 × "关闭" 按钮。

11 单击 "开始" 功能卡。

12 指定文字的字体及颜色。

6-3 SmartArt图形的应用

Excel的SmartArt图形能让你用图形化的方式呈现数据，以更有效率的方式传递信息或想法。建立SmartArt图形的方法相当简单，只要从各种不同的版面配置选择并建立即可。

一 复制图案

1 选择"幼虫的成长"的图案方块。

2 单击"开始"功能卡。

3 单击 "复制"按钮。

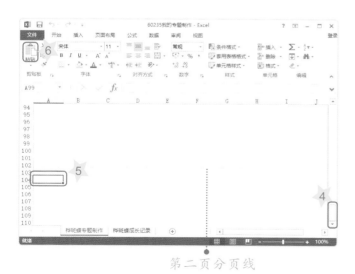

第二页分页线

4 向下拖曳垂直滚动条，直到出现第二页的分页线。

5 单击第二页"A栏"的单元格。

6 单击 "粘贴"按钮。

二 插入SmartArt图形

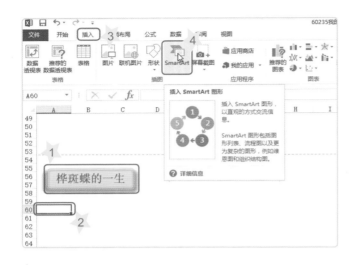

1 修改图案文字为"桦斑蝶的一生"。

2 选择图案下方的单元格。

3 单击"插入"功能卡。

4 单击 "选择SmartArt图形"按钮。

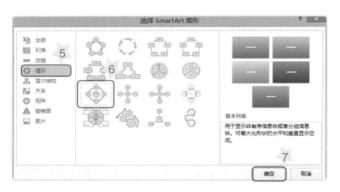

5 选择"循环"类型。

6 选择一种图形样式。

7 单击"确定"按钮。

8 输入"桦斑蝶的一生"以及"卵、幼虫、蛹、成蝶"等四个成长阶段。

9 单击 文本窗格 按钮，关闭"文本窗格"窗口。

三 格式化SmartArt图形

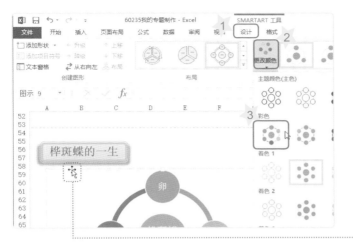

1 单击"SmartArt工具"的"设计"功能卡。

2 单击 "更改颜色"按钮，打开样式列表。

3 选择一种样式。

● 拖曳边框线可移动位置

4 单击 "其他"按钮，打开样式列表。

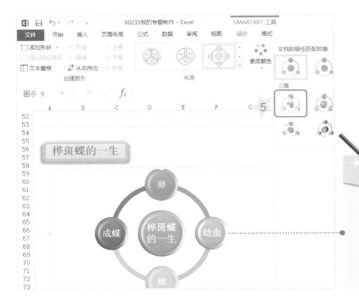

5 选择一种三维样式。

魔法棒

鼠标移至样式缩略图上方，可立即预览应用后的效果，满意时再单击鼠标。

四 框线与填充设置

1 单击"SmartArt工具"的"格式"功能卡。

2 单击 按钮，显示"设置形状格式"窗格。

3 单击"填充"标签，再单击"渐变填充"。

4 单击 "预设渐变"按钮，打开样式列表。

5 选择一种样式缩图。

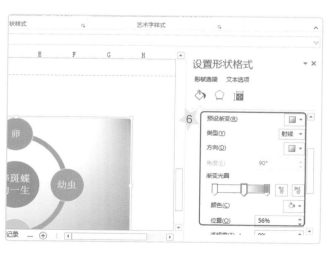

6 指定填充的类型、方向与角度。（可自定义）

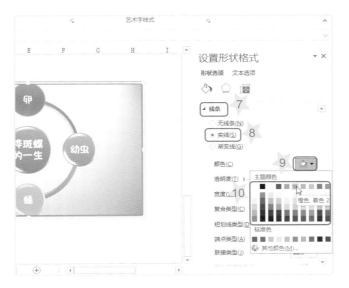

7 单击"线条"标签。

8 选择"实线"。

9 单击 "外框颜色"按钮。

10 选择一种颜色。

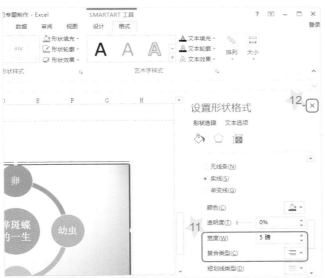

11 指定线条宽度及复合类型等样式。

12 单击 × "关闭"按钮。

13 选择图形对象，然后按下 键移动位置。

14 选择图形对象，然后按下 键移动位置。

本节将要插入一般的数字图片，然后结合图案与SmartArt图形，以建立桦斑蝶的一生页面。

一 选用"标号图片"样式

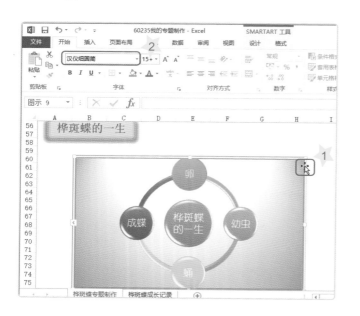

1 选择图形边框线，以选择SmartArt图形。

2 指定文字的字体样式。

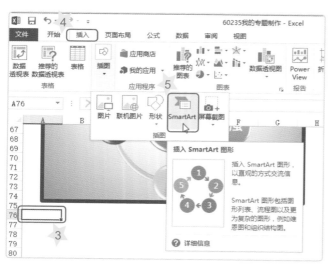

3 光标置于图形下方的单元格。

4 单击"插入"功能卡。

5 单击 "插入SmartArt图形"按钮。

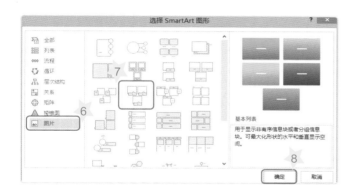

6 单击"图片"标签页。

7 选择"蛇形图片重点列表"样式。

8 单击"确定"按钮。

二 插入图片

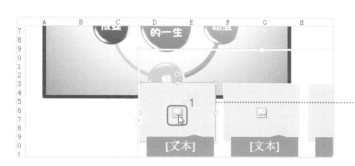

1 单击 按钮插入图片。

自行拖曳控制点调整大小及位置喔！

2 单击"浏览"按钮。

3 选择"图片"文件夹。

4 选择ch06-01图片。

5 单击"插入"按钮。

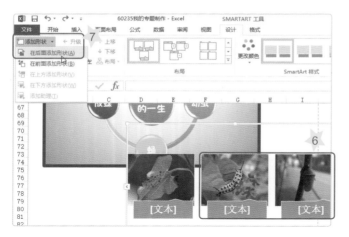

6 用相同方法添加 ch06-02和ch06-03 图片。

7 单击 添加形状 按钮的 ▼ 按钮，再选择"在后 面添加形状"命令。

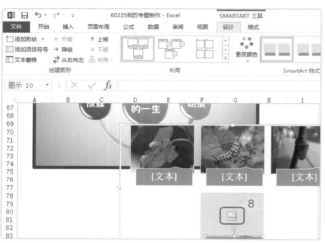

8 单击 🖼 按钮插入 ch06-04图片。

添加图片文字

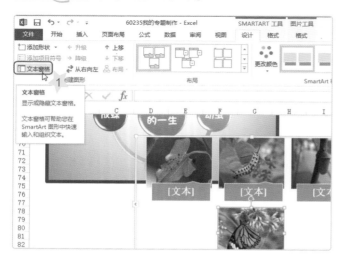

1 单击 文本窗格 按钮， 显示"文本窗格"窗 口。

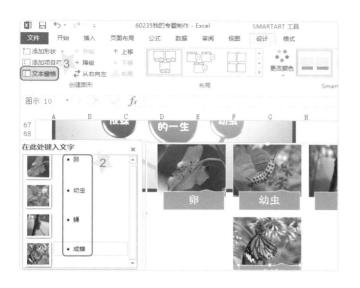

2 输入卵、幼虫、蛹和成蝶等图片文字。

3 单击 文本窗格 按钮，隐藏"文本窗格"窗口。

4 拖曳控制点调整图案区的大小，以排列图片。

魔法棒

可以直接拖曳图片与文字对象排列位置喔！

四 更改颜色

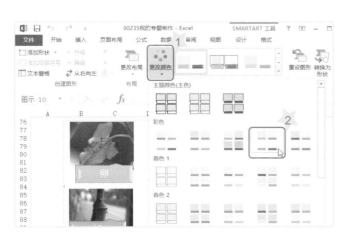

1 单击 "更改颜色"按钮，打开样式列表。

2 选择一种样式。

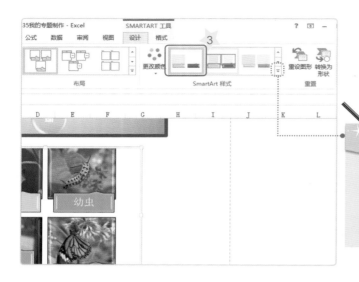

3 选择一种SmartArt
样式。

魔法棒

单击 ▼ 按钮打开样式列表，
试试各种SmartArt样式，选
择自己喜欢的样式喔！

五 调整图片位置

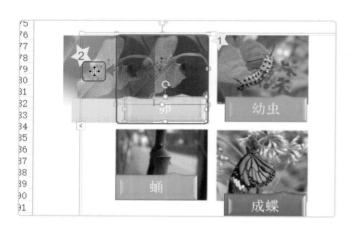

1 按住 Shift 键，再选择图
片与文字对象。

2 拖曳图片与文字对象移
动位置。（调整后如下
图）

······● 调整后图片的位置

升级箱

如果要加入圆形或非矩形的图片外框，可以先插入图案，然后将图案填入图像背景即可完成。

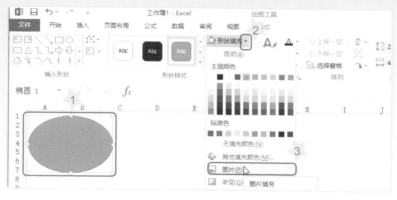

图像边框

换你做做看

打开"60235我的专题制作"文档，然后加入箭头图形，以完成桦斑蝶一生蜕变的过程。（如下图）

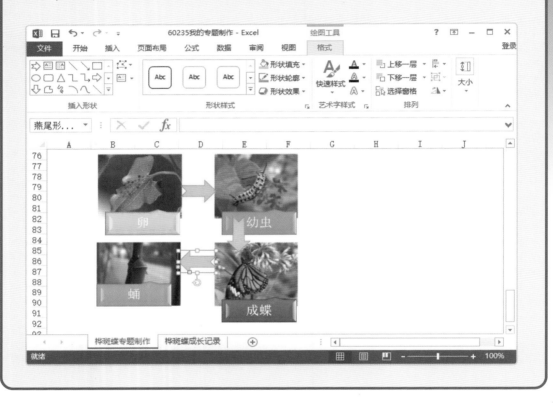

 能用图形工具描绘桦斑蝶的一生

 能插入图形对象并设置填充效果

 能插入并旋转图形对象

 能编辑SmartArt图形格式

第7课
快乐体能

学习目标

1. 认识体能与身体质量指数的意义

2. 制作体能记录表

3. 插入单元格的批注

4. 设置计算BMI的公式

5. 用IF函数判断BMI值

7-1 制作体能检测记录表

本节将要设计我们这一班的"体能"测量记录表，作为后面章节计算"身体质量指数"等的资料，让每位同学更能关心自己的健康状态。

一 建立体能记录表

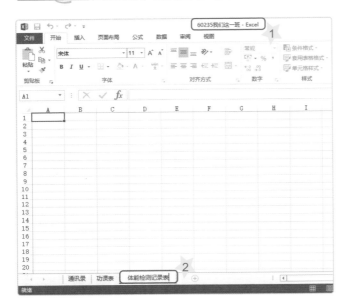

1 打开"60235我们这一班"文档。（第2课完成的文档）

2 单击 ⊕ 按钮新建工作表，然后重命名为"体能检测记录表"。

3 复制"通讯录"工作表内的名单至记录表上。

4 输入记录表的项目名称。

• 复制时只需粘贴单元格的"值"

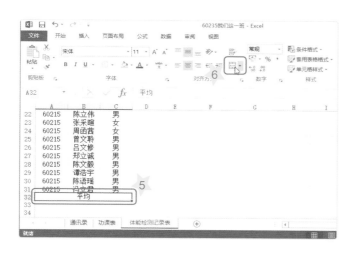

5 在A32单元格输入"平均"，然后选择A32至C32 单元格范围。

6 单击"开始"功能卡中的□▼"合并后居中"按钮。

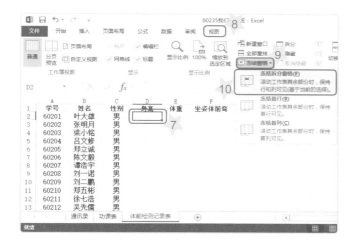

7 选择D2单元格。

8 单击"视图"功能卡。

9 单击□▼冻结窗格▼按钮。

10 选择"冻结拆分窗格"命令。

11 选中记录表范围的单元格。（也就是A1到I32单元格范围）

12 单击"开始"功能卡，再单击□▼按钮的▼按钮。

13 选择"所有框线"命令。（自行美化表格样式喔！）

二 新建批注

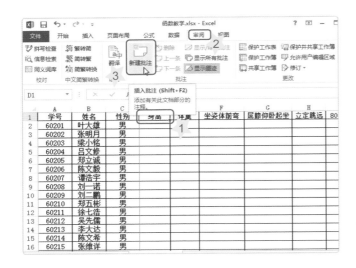

1 光标置于D1单元格。

2 单击"审阅"功能卡。

3 单击"新建批注"。

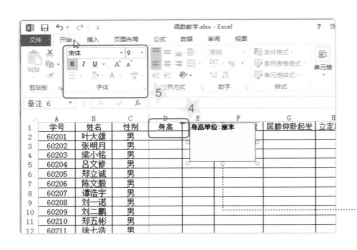

4 输入"身高单位：厘米"文字，然后选中文字范围。

5 单击"开始"功能卡，再指定文字的样式。

拖曳控制点可以调整文本框的大小

6 光标移至D1单元格上立即显示批注文字。

1. 插入批注后，单元格的右上角会显示红色三角标记。

2. 若要删除或编辑批注时，请先选择单元格，再单击"审阅"功能卡，然后单击"编辑批注"或"删除"命令。

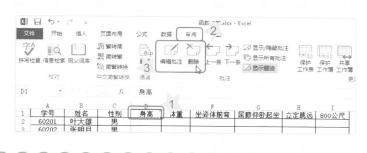

三　使用AVERAGE函数

　　AVERAGE函数是计算"平均数"的函数，公式的语法和SUM函数相同，现在就用它来计算班级体能项目测验的平均数。

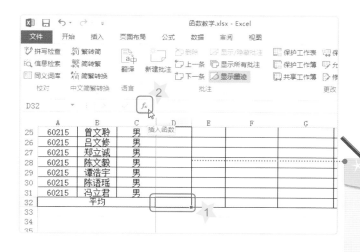

⭐1　光标置于D32单元格。

⭐2　单击 f_x "插入函数"按钮。

魔法棒

身高和体重单元格的数值格式分别设置为一位和二位小数，自己完成啰！

3 选择 AVERAGE 函数。

4 单击"确定"按钮。

5 单击 📷 按钮。

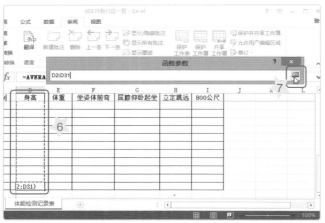

6 拖曳鼠标选择D2至D31单元格。

7 单击 📷 按钮。

8 单击"确定"按钮。

魔法棒

这是计算平均数的单元格范围，也可以直接输入 D2:D31。

9 拖曳D32的填充控制点至I32，以填入计算公式。

魔法棒

填入公式后，单元格内会显示#DIV0!或####等错误信息，是因为要计算的单元格内没有数据，请暂时忽略它。

输入几笔数据测试看看喔！

7-2 计算身体质量指数

本节将利用身高和体重的数值来计算班上同学的"身体质量指数"（Body Mass Index，简称B.M.I），让大家一起来关心自己的健康。

一 制作B.M.I统计表

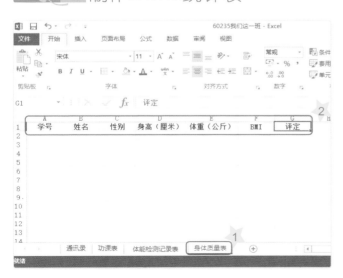

1 单击 ⊕ 按钮新建工作表，然后重命名为"身体质量表"。

2 输入字段标题名称。（可由"体能检测记录表"的工作表中复制）

3 选择"体能检测记录表"工作表标签。

4 选中A2至E31单元格。

5 单击 📋 "复制"按钮。

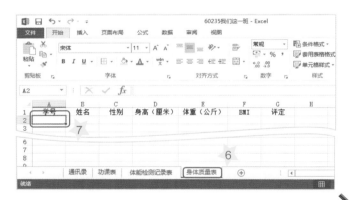

6 选择"身体质量表"工作表。

7 选择A2单元格。

8 单击 粘贴 按钮。

9 选择 📋 "粘贴链接"按钮。

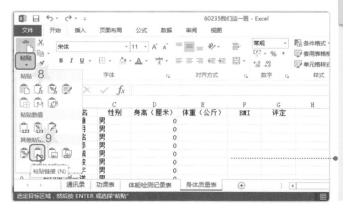

魔法棒

这是预览"粘贴链接"后的结果，按下 📋 按钮后，就回到"体能检测记录表"工作表输入几笔身高与体重的数据，以便检测B.M.I的计算公式是否正确。

134

二 设置计算B.M.I的公式

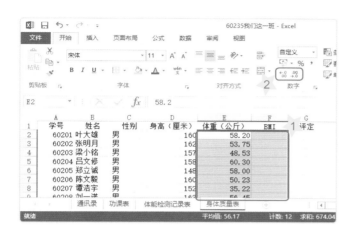

1 选择E2至F31单元格范围。

2 单击 ╄₀̣ "增加小数位数"或 ̣₀̣ "减少小数位数"按钮，设置为两位小数。（身高字段自行设置为一位小数）

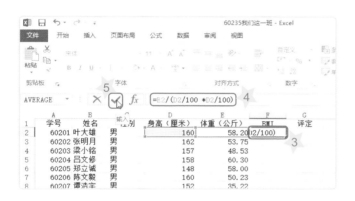

3 选中F2单元格。

4 输入"=E2/(D2/100 *D2/100)"。

5 单击 ✓ "输入"按钮。

魔法书

身体质量指数（B.M.I）的计算公式是（体重单位：公斤）
B.M.I＝体重÷（身高×身高）→身高（米）
　　　＝体重÷｛（身高÷100）×（身高÷100）｝→身高（厘米）
所以我们输入的公式是"＝体重/(身高/100*身高/100)"。

三 自动填充B.M.I的公式

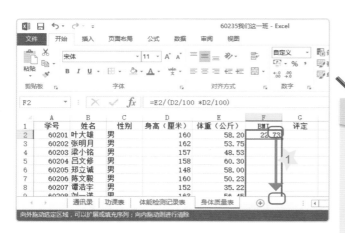

1 向下拖曳F2的填充控制点至F31单元格。

魔法棒

在填充公式之前，要先在"体能检测记录表"中输入几笔身高及体重进行测试。切记，不可在"身体质量表"中输入测试数据喔！

这里有链接公式，所以不可以在这里输入数据。

自行美化工作表喔！

7-3 IF函数的应用

根据"身体质量指数"（B.M.I），就可以判定体重是否过胖或过轻。本节将利用IF函数来自动判定B.M.I值是否合乎标准。

一 体能对照表

	过瘦	正常	过重	肥胖
12岁（男）	15.2	21.3	23.9	

小学生体能素质评价标准等级评价标准（六年级）						
性别：男						
项目/等级	30秒斜身引体向上（次）	立定跳远（米）	2分钟跳绳（次）	25米往返跑（秒）	50米跑（秒）	50米×8往返跑（秒）
A	≥26	≥2.10	≥200	≤8.30	≤7.70	≤1:33
B	≥23	≥1.90	≥164	≤9.00	≤8.46	≤1:42
C	≥19	≥1.69	≥127	≤9.70	≤9.22	≤1:51
D	≥15	≥1.48	≥90	≤10.40	≤10.00	≤2:01
E	<15	<1.48	<90	>10.40	>10.00	>2:01
性别：女						
A	≥24	≥1.90	≥210	≤8.40	≤8.00	≤1:32
B	≥21	≥1.75	≥174	≤9.26	≤8.76	≤1:46
C	≥17	≥1.59	≥137	≤10.12	≤9.52	≤2:01
D	≥13	≥1.43	≥100	≤11.00	≤10.30	≤2:16
E	<13	<1.43	<100	>11.00	>10.30	>2:16

二 用IF函数判断B.M.I值

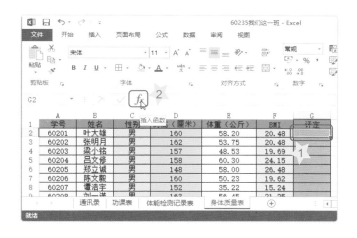

1 选择G2单元格。

2 单击 f_x "插入函数"按钮。

3 选择"逻辑"类型。

4 选择IF函数。

5 单击"确定"按钮。

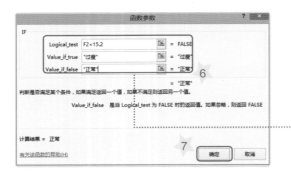

6 分别输入 "F2<15.2"、"过瘦" 和 "正常"。

7 单击 "确定" 按钮。

"" 双引号不需输入

魔法棒

设置公式后，B.M.I超过15.2都会显示 "正常"。因此在所有显示 "正常" 的数值中，必须进一步判断超过21.3时显示 "过重"。

三 修改判断公式

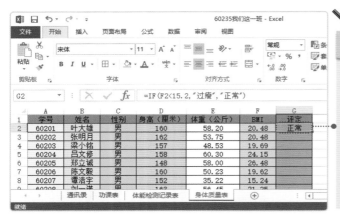

1 选择G2单元格。

2 选取 "IF(F2<15.2,"过瘦","正常")" 的公式。

3 单击 "复制" 按钮。

4 选中 ""正常""。

5 单击 "粘贴" 按钮。

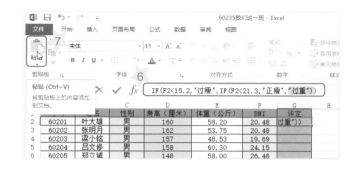

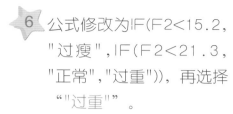

6 公式修改为IF(F2<15.2,"过瘦",IF(F2<21.3,"正常","过重")),再选择"'过重'"。

7 单击 🖼 "粘贴"按钮。

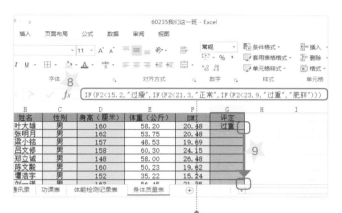

8 修改"粘贴"的部分,完成后如左图。

9 拖曳填充控制点填入公式。(女生的部分要修改喔!留做课后练习。)

IF(F2<15.2,"过瘦",IF(F2<21.3,"正常",IF(F2<23.9,"过重","肥胖")))

换·你·做·做·看

在Excel软件中AVERAGE是计算平均数的函数,常用的语法有:

(a)=AVERAGE(5,6,7,8,9)代表计算"5,6,7,8,9"的平均值。

(b)=AVERAGE(A7:C7)代表计算"A7到C7"单元格的平均值。

(c)=AVERAGE(A11:B13,D12:E13)把两方块区域做出平均。

如右图所示:

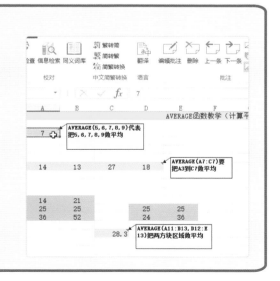

换你做做看

打开"60235我们这一班"文档内的"身体质量表"，然后修改"评定"标题字段内女生的B.M.I判断公式。（如下图）

	过瘦		正常		过重		肥胖
12岁（女）							
		15.2		21.3		23.5	

函数教学 - Excel

文件　开始　插入　页面布局　公式　数据　审阅　视图　　　　　　　登录

宋体　11　　B I U　　　常规　　条件格式　套用表格格式　单元格样式　插入　删除　格式　Σ · A▽Z · A△

剪贴板　字体　对齐方式　数字　样式　单元格　编辑

G11　　　fx　IF(F2<15.2,"过瘦",IF(F2<21.3,"正常",IF(F2<23.9,"过重","肥胖")))

	A 学号	B 姓名	C 性别	D 身高（公分）	E 体重（公斤）	F BMI	G 评定	H	I
2	60201	叶大雄	男	160	58.20	20.48	正常		
3	60202	张明月	男	162	53.75	20.48	肥胖		
4	60203	梁小铭	男	157	48.53	19.69	正常		
5	60204	吕文修	男	158	60.30	24.15	肥胖		
6	60205	郑立诚	男	148	58.00	26.48	肥胖		
7	60206	陈文毅	男	160	50.23	19.62	正常		
8	60207	谭洁宇	男	152	35.22	15.24	正常		
9	60208	刘一诺	男	163	56.45	21.25	正常		
10	60209	刘二鹏	男	159	54.25	21.46	正常		
11	60210	郑五彬	男	168	64.45	22.84	过重		
12	60211	徐七浩	男	165	54.66	20.08	正常		
13	60212	吴先儒	男	172	80.00	27.04	肥胖		
14	60213	李大达	男	152	35.22	15.24	正常		
15	60214	陈文希	男	163	56.45	21.25	正常		
16	60215	张维详	男	159	54.25	21.46	正常		
17	60215	王珮琪	男	168	64.45	22.84	过重		
18	60215	洪雅茜	女	165	54.66	20.08	正常		
19	60215	陈珮欢	女	172	80.00	27.04	肥胖		

◄ ► … 功课表　体能检测记录表　身体质量表　Sh …　⊕

一百分　能以IF函数判断B.M.I的标准

不错哦　能输入计算B.M.I的计算公式

很棒喔　能以自动填充方式输入公式

加油呐　能使用"粘贴链接"自动取得数据

第 8 课
大家来比比看

8-1 单元格的数据验证

在这一课中，将要制作班级成绩计算表，为了避免数据输入的过程中误按键盘，造成数据的数值超过指定的范围，可以对单元格数据进行验证的动作。

一 建立数据统计表

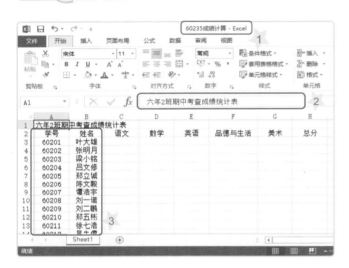

1 打开新文档，然后保存为"60235成绩计算"。

2 输入统计表的标题及各字段的名称。

3 输入学号及姓名等数据。

4 修改工作表名称为"期中考"。

5 选中A1至J1单元格范围。

6 单击国▼ "合并后居中"按钮。

二 数据两端对齐

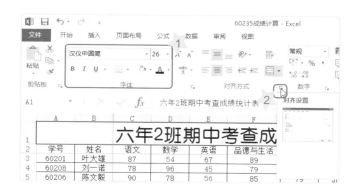

1 指定文字的字体与大小等样式。

2 单击 ⬓ 按钮，显示"设置单元格格式"对话框。

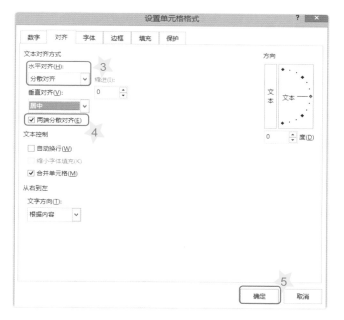

3 选择水平对齐为"分散对齐"。

4 勾选"两端分散对齐"。

5 单击"确定"按钮。

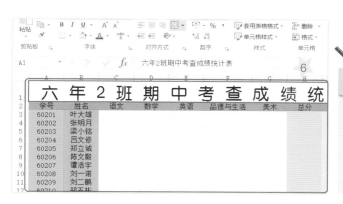

6 美化表格内容并设置框线。

魔法棒

发挥你的创意，设置单元格填充颜色及框线来美化这个工作表喔！

三 冻结窗格

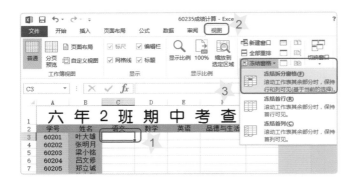

1 选择C3单元格。

2 单击"视图"功能卡。

3 单击 冻结窗格 按钮,再单击"冻结拆分窗格"命令。

四 验证单元格数据

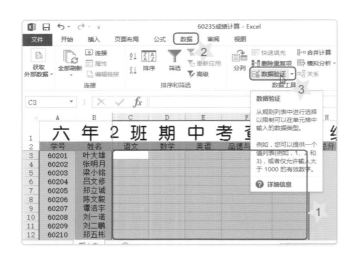

1 选择C3至G32单元格。(也就是各科成绩的字段)

2 单击"数据"功能卡。

3 单击 数据验证 按钮。

4 单击下拉列表,然后选择"整数"。

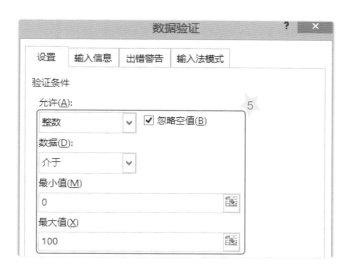

5 勾选"忽略空值"并指定数据的最小值为0和最大值为100。

6 选择"出错警告"选项卡。

7 选择"停止"样式并输入提醒信息（内容自定义）。

8 选择"输入法模式"选项卡。

9 选择"随意"模式。

10 单击"确定"按钮。

五 测试验证数据的设置

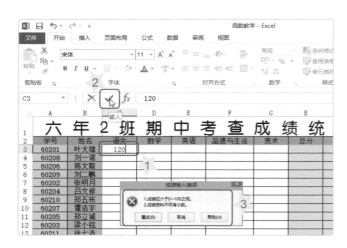

1. 在单元格内输入超过100或是小数的数值。

2. 单击 ✓ "输入"按钮或按 Enter 键。

3. 出现错误的警告信息。

如果要修改或删除"数据验证"的设置，请将光标置于数据单元格内（不需选择原设置范围），再单击"数据"功能区上的按钮，接着勾选"对有同样设置的所有其他单元格应用这些更改"选项，然后修改内容或单击"全部清除"按钮。

8-2 条件格式的应用

当成绩低于60分时，单元格内的分数即以"红色"等格式来呈现，这种条件式的单元格格式称为"条件格式"。现在就为各科成绩的单元格设置此条件格式。

一 条件格式的设置

1 选择C3至G32单元格范围。

2 单击"开始"功能区。

3 单击 条件格式▼ 按钮。

4 光标移至"突出显示单元格规则"，再单击"小于"命令。

5 输入60并选择"红色文本"，然后单击"确定"按钮。

二 测试条件格式

1 输入几笔数据进行测试，检查低于60分的单元格是否以"红色"显示。

8-3 数据的排序

本节将利用SUM和AVERAGE函数来计算总分及平均数，然后以手动方式对名次排序。

一 计算总分与平均值

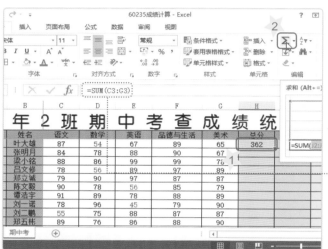

1 选择H3单元格。

2 双击 Σ▾ "自动求和" 按钮，插入计算总和 的公式。

······● 检查公式是否正确

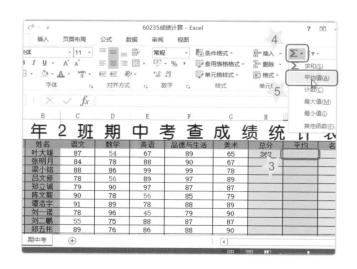

3 选择I3单元格。

4 单击 Σ▾ "求和" 按钮的 ▾ 按钮。

5 选择"平均值"命令。

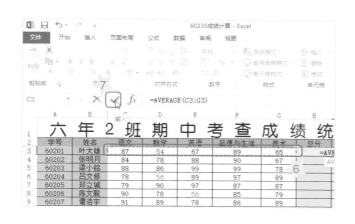

6 以拖曳方式选中C3至G3单元格范围。

7 单击 ✓ "输入" 按钮。

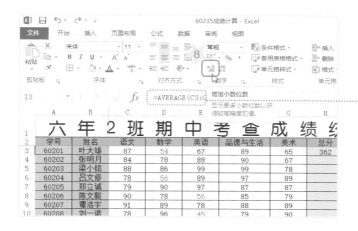

8 单击 "增加小数位数" 按钮，设置为两位小数。

检查公式是否正确

9 选中H3和I3单元格。

10 向下拖曳I3的填充控制点至I32单元格。

二 以成绩排序数据

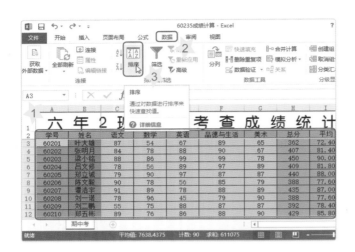

1 选中A2至J32单元格范围。

2 单击"数据"功能区。

3 单击"排序"。

4 选择"总分"、"数值"及"升序"的主要关键字。

5 单击 添加条件(A) 按钮。

6 选择"语文"、"数值"及"升序"的次要关键字。

7 单击 添加条件(A) 按钮。

8 选择"数学"、"数值"及"升序"的次要关键字。

9 单击"确定"按钮。

三 填入名次

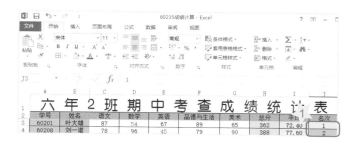

1 分别在J3和J4单元格输入1和2，然后选择这两个单元格。

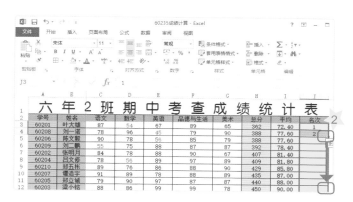

2 拖曳J4单元格的填满控制点至J32单元格，以填入名次。

四 以学号排序数据

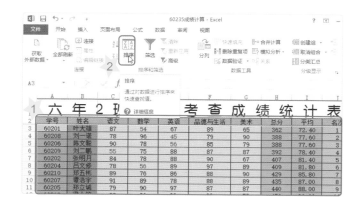

1 选中A2至J32单元格范围。

2 单击"排序"命令。

3 选择"学号"、"数值"
及"升序"的关键字。

4 选择"语文"次要关键字。

5 单击 ✕删除条件(D) 按钮。

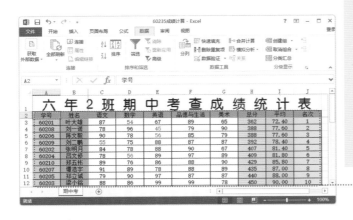

6 选择"数学"次要关键字。

7 单击 ✕删除条件(D) 按钮。

8 单击"确定"按钮。

魔法棒

用手动排序的缺点是"数据有异动"时，必须重新排序数据。可以利用RANK函数设置成自动排序，来改善这个缺点。请参阅第153页升级箱的说明。

•·····手动排序名次

升级箱

1.如果要用函数排序数据，可以在J3单元格中输入
"＝RANK(H3,$H$3:$H$32,0)"，然后再向下拖曳填充控制
点填入公式即可快速且自动地排序数据。

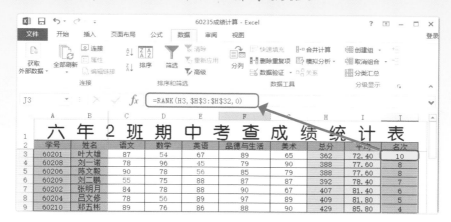

2.RANK函数的用法，说明如下：

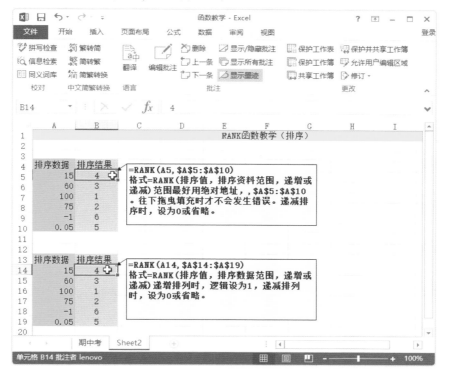

学习心得

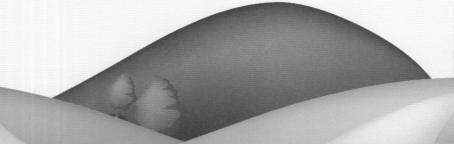

学 习 心 得

内 容 提 要

本书以学生的学习和生活经验为题材，着力培养他们的创新与应用能力，在实例中融入数学、逻辑、思维等相关课程，通过简便的Excel操作，制作出"班级通讯录""我是小小理财家""统计图表轻松做"等学习生活中必备的应用素材。让孩子在玩中学，学中玩，轻松掌握电脑基础操作的同时，培养良好的学习习惯及创新思维能力。

本书为经台湾碁峰资讯股份有限公司独家授权发行的中文简体版。本书中文简体字版在中国大陆之专有出版权属中国水利水电出版社所有。在没有得到本书原版出版者和本书出版者书面许可时，任何单位和个人不得擅自摘抄、复制本书的一部分或全部以任何方式包括（资料和出版物）进行传播。本书原版版权属碁峰资讯股份有限公司。版权所有，侵权必究。

北京市版权局著作权合同登记号：图字01-2015-6282号

图书在版编目（ＣＩＰ）数据

跟孩子一起玩Excel / 碁峰资讯著. -- 北京 ： 中国
水利水电出版社，2016.1
  （AKILA魔法教室）
  ISBN 978-7-5170-3795-8

  Ⅰ．①跟… Ⅱ．①碁… Ⅲ．①表处理软件—少儿读物
Ⅳ．①TP391.13-49

中国版本图书馆CIP数据核字(2015)第260122号

书 名	AKILA魔法教室 跟孩子一起玩Excel
作 者	碁峰资讯 著
出版发行	中国水利水电出版社 （北京市海淀区玉渊潭南路1号D座　100038） 网址 ： www.waterpub.com.cn E-mail ： sales@waterpub.com.cn 电话：（010）68367658（发行部）
经 售	北京科水图书销售中心（零售） 电话：（010）88383994、63202643、68545874 全国各地新华书店和相关出版物销售网点
排 版	北京零视点图文设计有限公司
印 刷	北京市雅迪彩色印刷有限公司
规 格	184mm×260mm　16开本　10印张　196千字
版 次	2016年1月第1版　2016年1月第1次印刷
定 价	36.80元

凡购买我社图书，如有缺页、倒页、脱页的，本社发行部负责调换

销售分类：网络与通信 / 通信电子线路

定价：35.00 元

本书特色

■ 遵循以应用为目的，以必须、够用为度的原则，减少复杂的理论分析与推导，淡化繁琐的数学计算。

■ 内容丰富，结构合理，条理清晰，通俗易懂，便于培养学生分析和解决实际问题的能力。